图解·一学就会系列

数控车床加工编程与操作图解

第3版

陈为国　陈　昊　编著

机械工业出版社

本书以 FANUC 0i Mate-TC 数控车削系统为对象，以数控车削加工为目标，以图解形式为表现手法，介绍了数控车削加工的手工编程、加工工艺及自动编程等基本理论，并详细介绍了数控车床的操作方法，最后还提供了数控车削操作示例供实际练习与应用。

本书中的操作界面与实际的数控系统界面完全一致，读者按照书中的操作图解提示，结合数控机床及其数控系统，可一步一步地进行练习，快速掌握数控车床的操作。对于有一定基础的读者，可直接学习第 3 章和第 4 章的内容，迅速提高数控车削编程与操作水平。

本书适合从事数控工作的技术人员学习，也可作为应用型本科、高等职业技术院校数控技术专业学生的参考教材。

图书在版编目（CIP）数据

数控车床加工编程与操作图解/陈为国，陈昊编著. —3版. —北京：机械工业出版社，2024.6
（图解·一学就会系列）
ISBN 978-7-111-75673-6

Ⅰ.①数… Ⅱ.①陈… ②陈… Ⅲ.①数控机床—车床—程序设计—图解②数控机床—车床—操作—图解　Ⅳ.①TG519.1-64

中国国家版本馆CIP数据核字（2024）第080860号

机械工业出版社（北京市百万庄大街22号　邮政编码100037）
策划编辑：周国萍　　　　　责任编辑：周国萍　刘本明
责任校对：曹若菲　丁梦卓　封面设计：陈　沛
责任印制：李　昂
北京捷迅佳彩印刷有限公司印刷
2024年6月第3版第1次印刷
184mm×260mm・17.25印张・403千字
标准书号：ISBN 978-7-111-75673-6
定价：69.00元

电话服务　　　　　　　　　网络服务
客服电话：010-88361066　　机　工　官　网：www.cmpbook.com
　　　　　010-88379833　　机　工　官　博：weibo.com/cmp1952
　　　　　010-68326294　　金　书　网：www.golden-book.com
封底无防伪标均为盗版　　　机工教育服务网：www.cmpedu.com

前言

本书第2版出版近8年，获得了较好的社会反馈，对推广和普及数控加工技术起到了较好的效果，考虑到自动编程软件Mastercam版本变化较快，以及使用中发现了一些问题与不足，针对这种情况，现修订出版第3版。

本书在保持第2版结构体系与图解风格的基础上，对其部分内容与章节做了修订，主要删除了涉及Mastercam软件的第4章计算机辅助编程（CAM）基础内容，有兴趣了解这部分内容的读者可参阅参考文献[4]、[5]或其他相关资料。

本书以图解手法表现数控车削加工编程与数控车床操作技术，全书共分4章。第1章数控车床基础知识，介绍了学习数控车削加工必须的数控车床基础知识与数控车削编程指令的基础知识，这一章是学习数控车削加工的必备基础。第2章数控车削的加工工艺，介绍了数控车削加工工艺与刀具方面的知识。第3章数控车床的基本操作，详细介绍了FANUC 0i Mate-TC数控系统及其数控车床的操作方法，所有涉及的操作界面均来自于数控系统的界面"截屏"，操作界面与数控车床的数控系统完全一致。第4章数控车床的典型操作示例分析，分享了作者多年的学习与教学体会，可供读者检查自身的学习水平。本书图解的编排风格非常适合实际生产现场的学习，使读者实现"一书在手，一学就会"。

本书适合从事数控工作的技术人员学习，也可作为应用型本科、高等职业技术院校数控技术专业学生的参考教材。

本书在编写与修订过程中，得到南昌航空大学、航空工业江西洪都航空工业集团有限公司、南昌理工学院等单位相关部门的领导和教师的支持、指导和帮助，在此表示衷心的感谢！

此次修订，虽然作者认真努力，但限于水平，书中仍然不可避免地存在错误和不足之处，敬请读者和同仁提出宝贵意见。

作者

目　录

前言

第1章　数控车床基础知识 001
1.1　数控车床的结构、组成与工作原理 001
1.1.1　数控车床的分类 002
1.1.2　数控车床的结构与组成 003
1.1.3　数控车床的工作原理 007
1.2　数控车削刀具工作部分结构分析 008
1.2.1　数控车削刀具工作部分的基本概念与结构 008
1.2.2　典型车削刀具工作部分的标注角度及结构分析 012
1.2.3　车削加工切削层参数 014
1.3　数控车床的坐标轴与坐标系 014
1.3.1　机床坐标系的标准规定 014
1.3.2　坐标轴及其方向 015
1.3.3　机床参考点与坐标系 015
1.3.4　工件坐标系 017
1.4　FANUC 0i Mate-TC 数控系统指令 018
1.4.1　G 指令 018
1.4.2　M 指令 020
1.4.3　T 指令 022
1.4.4　S 指令 022
1.5　数控车削加工程序的结构图解与构成分析 023
1.5.1　数控车削加工程序的格式分析 023
1.5.2　数控车削加工程序段的一般格式 ..023
1.6　数控车削基本编程指令图解与分析 024
1.6.1　坐标系指令 024
1.6.2　坐标值与尺寸 027
1.6.3　插补功能指令 029
1.6.4　进给功能 035
1.6.5　主轴速度功能指令 037
1.6.6　参考点指令 038
1.6.7　刀具偏置（补偿） 039
1.6.8　刀尖圆弧半径补偿指令（G41/G42/ G40） 043
1.6.9　子程序及子程序调用指令（M98/M99） 048
1.6.10　跳过任选程序段 049
1.7　数控车削固定循环指令图解与分析 050
1.7.1　简单固定循环指令 050
1.7.2　复合固定循环指令 056

第2章　数控车削的加工工艺 068
2.1　加工顺序的分析与确定 068
2.1.1　数控车削的特点 068
2.1.2　加工方案的分析与确定 068
2.1.3　工序划分的原则与方法 070
2.1.4　工序划分的注意事项 070
2.2　加工路线的分析与确定 070
2.2.1　加工路径的划分原则 070
2.2.2　加工路径的划分图例 071
2.3　工件的装夹方式分析与确定 074
2.4　数控车削刀具的结构分析与选择 078
2.4.1　车床刀具的结构类型 078
2.4.2　机夹可转位车刀 079
2.4.3　可转位刀片型号表示规则 082
2.4.4　机夹式车刀的结构类型和特点 082
2.5　数控车削切削用量的选择 085
2.6　车刀刀片的材料简介 089

第3章　数控车床的基本操作 090
3.1　机床数控系统操作面板的组成 090
3.2　CKA6150 型卧式数控车床操作面板 094
3.3　数控车床的基本操作 098

3.3.1 开机与关机 098
3.3.2 手动返回参考点 098
3.3.3 手动进给、增量进给与手轮操作 099
3.3.4 机床的急停与超程处理 102
3.3.5 数控车床的手动选刀与主轴
手动起动 103
3.4 数控车床的运行方式 104
3.4.1 存储器运行 104
3.4.2 MDI 运行 106
3.4.3 DNC 运行 107
3.4.4 存储卡（CF 卡）DNC 运行 108
3.5 程序的试运行 110
3.5.1 机床锁住运行 110
3.5.2 机床空运行 111
3.5.3 程序单段运行 111
3.5.4 进给速度与快速移动速度
倍率调整 112
3.5.5 程序的跳选与选择停 113
3.6 数控程序的输入与输出 115
3.6.1 数控程序的输入与输出方法 115
3.6.2 数控程序的检索、建立与删除 116
3.6.3 数控程序的输入 121
3.6.4 数控程序的编辑 122
3.6.5 数控程序的编辑功能扩展 130
3.6.6 程序的后台编辑 142
3.6.7 RS232 通信传输程序输入 144
3.6.8 存储卡程序传输输入 145
3.7 功能键 POS 显示界面 147
3.7.1 绝对坐标位置显示 148
3.7.2 相对坐标位置显示 150
3.7.3 综合位置坐标显示 152
3.7.4 功能键 POS 显示界面的其他功能 ... 154
3.8 功能键 PROG 显示界面 155
3.8.1 程序内容显示界面 155
3.8.2 程序检查界面 156
3.8.3 当前程序段显示界面 157
3.8.4 下一个程序段显示界面 158
3.8.5 MDI 操作的程序界面 159

3.9 EDIT 方式下按功能键 PROG
显示的界面 159
3.9.1 显示使用的内存和程序清单 159
3.9.2 显示指定组的程序清单 160
3.10 功能键 OFS/SET 显示界面 162
3.10.1 刀具偏置的显示与设定 162
3.10.2 工件坐标系的显示与设定 172
3.10.3 显示和输入设定数据 176
3.10.4 顺序号的比较和停止 178
3.11 功能键 SYSTEM 显示界面 179
3.11.1 系统参数的显示与设定 179
3.11.2 显示和设定螺距误差补偿数据 182
3.12 功能键 MESSAGE 显示界面 184
3.12.1 外部操作信息履历显示 184
3.12.2 报警信息的显示 185
3.12.3 报警履历的显示 186
3.13 功能键 CSTM/GR 及图形显示功能 187
3.13.1 图形显示的基本知识 187
3.13.2 图形显示的操作步骤 189
3.13.3 图形显示的缩放操作 190
3.14 帮助键 HELP 及其显示界面 191
3.14.1 概述及帮助功能组织结构 191
3.14.2 报警的详细信息查询 192
3.14.3 操作方法的查询 194
3.14.4 参数表查询 195
3.15 清屏功能 196

第 4 章 数控车床的典型操作示例分析 197
4.1 数控车削加工工件坐标系的设定方法 197
4.1.1 工件坐标系设定方法回顾 197
4.1.2 工件坐标系设定示例 197
4.1.3 工件坐标系设定综合实训 202
4.2 刀具指令及刀具偏置程序示例 203
4.2.1 几何偏置对刀程序示例与分析 203
4.2.2 标准刀对刀程序示例与分析 210
4.2.3 刀尖圆弧半径补偿分析与
数据设定 218
4.2.4 刀具偏置功能对工件加工尺寸的
调整与控制 225

4.2.5 刀具偏置补偿使用时的注意事项 234
4.2.6 多刀加工实训 235
4.3 数控程序的手工输入与存储器运行 238
　4.3.1 程序的手工输入与存储器
　　　 运行基础 238
　4.3.2 固定循环指令的程序示例 241
4.4 数控车床的程序传输与DNC（计算机
　　辅助编程及应用） 253
　4.4.1 RS232通信参数的设定 253
4.4.2 RS232通信口数控程序传输与试运行 ... 256
4.4.3 存储卡通信参数的设定及其程序
　　　 的传输和试运行 258
4.4.4 CF卡的DNC加工示例 260
4.5 计算机辅助编程与加工示例 262
　4.5.1 计算机辅助编程与程序修改 262
　4.5.2 计算机辅助编程与CF卡DNC
　　　 加工实训 266

参考文献 268

第1章 数控车床基础知识

数控机床是指采用数控技术进行控制的机床。

NC 是英文 Numerical Control 的缩写，它直译为数控，但也可广义地理解为数控技术。NC 是数控技术刚出现时给出的定义，现在一般将其指定为早期的以硬件逻辑电路构成的数控系统时代的数控技术。

CNC 是英文 Computer Numerical Control 的缩写，直译为计算机数控技术。随着计算机技术的发展，现在的数控系统几乎均是采用软件程序代替硬件逻辑电路构成的数控系统，即 CNC 系统。

如果粗略来理解，NC 和 CNC 的含义基本相同。

1.1 数控车床的结构、组成与工作原理

数控车床是数控机床家族中重要的金属切削机床之一，广泛用于回转体类零件的加工，包括外圆、内孔、端面、切断、切槽、钻中心孔、铰孔、镗孔、车螺纹、车锥面、车型面、滚花、攻螺纹等。图 1-1 所示为部分典型车削加工示意图。

图 1-1 部分典型车削加工示意图

a) 端面与外圆车削加工 b) 内孔车削加工 c) 切断与切槽车削加工 d) 外、内螺纹车削加工

1.1.1 数控车床的分类

数控车床种类繁多,规格不一。其分类方法主要有以下几种。

1. 按车床主轴位置分类

(1) 卧式数控车床 其主轴轴线水平布置,分为平床身和斜床身两种,如图 1-2 所示。

图 1-2 卧式数控车床
a) 平床身 b) 斜床身

(2) 立式数控车床 其主轴轴线垂直布置,如图 1-3 所示。主轴端面有一个很大的圆形工作台用于装夹工件,主要用于加工尺寸较大或重量较大、长径比较小的零件。

图 1-3 立式数控车床

2. 按车床的功能分类

(1) 经济型数控车床 又称简易型数控车床,一般指对普通车床通过数控化改造后的车床,其进给控制一般采用步进电动机驱动的开环伺服控制方式,数控系统多采用单片机为主体构造而成。近年来,这种形式的数控化改造的数控车床已不多见。

(2) 普通型数控车床 是根据车削加工的要求和特点而专门设计的数控车床,其控制系统多选取功能齐备的通用数控系统,进给控制一般选取伺服电动机驱动的闭环或半闭环控制方式,它可完成图 1-1 所示各种表面的加工,并具备主轴无级调速、刀尖圆弧半径补偿、恒线速度控制、固定循环功能、宏程序等先进功能。普通型数控车床一般控制两个坐标轴,即 X 轴和 Z 轴。

(3) 数控车削中心 数控车削中心的主体仍然是数控车床,但相对于普通型数控车床而言，它增加了 C 轴和动力刀架，其刀架上的刀位数量也更多，甚至还带有刀库和机械手等。数控车削中心控制的坐标轴一般为三轴，包括 X 轴、Z 轴和 C 轴。其加工功能大大增强，除可进行车削加工外，还可以进行径向和轴向铣削、曲面铣削、中心线不在零件回转中心的孔和径向孔的钻削等加工。数控车削中心一般均采取斜床身结构。图 1-4 为数控车削中心加工案例。

图 1-4 数控车削中心加工案例

3. 其他形式的数控车床

除了上面常见的数控车床外，还有一些其他形式的数控车床，如双刀架数控车床、双主轴数控车床等。此外，还有按特殊要求或专门工艺设计的数控车床，如螺纹数控车床、活塞数控车床、曲轴数控车床等。

1.1.2 数控车床的结构与组成

数控车床与普通车床相比，在结构上仍然具有主轴箱、刀架、进给传动系统、床身、冷却系统、润滑系统和液压系统等，并增加了数控系统（CNC）。

1. 数控车床的组成

数控车床包括数控系统与机床本体两大部分，如图 1-5 所示。

图 1-5 数控车床的组成

FANUC 0i 系列数控系统主控单元中内置了 PMC（可编程序机床控制器），程序的输入方法有三种——文本程序手工输入、CF 卡程序输入和数据线传输输入，主轴驱动单元有伺服驱动与变频器驱动两种，主轴电动机联动一个旋转编码器反馈给主控单元，进给轴的反馈有半闭环与闭环两种，PMC 主要用于机床上开关量的控制。

2. 数控机床的结构

图 1-2a 所示是大连机床厂生产的 CKA6150 型数控车床，该数控车床为两坐标连续控制的卧式车床，选配了典型的 FANUC 0i 数控系统（根据用户的要求也可选用其他数控系统）。该机床的纵（Z）、横（X）向运动轴采用伺服电动机驱动、精密滚珠丝杠副和高刚性精密复合轴承传动，与高分辨率位置检测元件（脉冲编码器）构成半闭环 CNC 控制系统。导轨副采用国际流行的高频淬火（硬轨）加"贴塑"工艺，各运动轴响应快、精度高、寿命长。主轴转速控制可采用手动换挡变频型（手动三挡，档内无级调速）及自动换挡变频型（自动三挡，挡内无级调速）。配备的集中润滑器对滚珠丝杠及导轨结合面进行强制自动润滑。采用内喷淋式不抬起刀架冷却，更有利于提高工件表面质量及防止切削液飞溅。机床标准配置采用立式四工位刀塔。可根据要求配置手动、气动、液压卡盘或手动、气动、液压尾座等。其主要技术参数见表 1-1。

表 1-1 CKA6150 型数控车床的主要技术参数

最大工件回转直径 /mm	500
最大工件长度 /mm	750 / 1000 / 1500 / 2000
主轴通孔直径 /mm	48
主轴转速范围 / (r/min)	手动三挡变频型（手动换挡或挡内无级调速），7～2200（低挡：7～135；中挡：30～550；高挡：110～2200）
X 向（横向）快速移动速度 / (mm/min)	6000
Z 向（纵向）快速移动速度 / (mm/min)	10000
切削进给范围 / (mm/r)	0.01～500
自动回转刀架工位数	4/6（可选）
定位精度 /mm	横向（X）0.03；纵向（Z）0.04
重复定位精度 /mm	横向（X）0.012；纵向（Z）0.016
工件加工精度	IT6～IT7
工件表面粗糙度 Ra / μm	1.6
主电动机功率 / kW	6.5
机床外形尺寸 / $\frac{长}{mm} \times \frac{宽}{mm} \times \frac{高}{mm}$	2580×1750×1620（750 型），2830×1750×1620（1000 型），3330×1750×1620（1500 型），3830×1750×1620（2000 型）

数控车床根据床身和导轨布置形式的不同有平床身、斜床身、平床身斜滑块和立床身四种，如图 1-6 所示。

刀架是数控车床的重要组成部分，用于夹持切削刀具，因此其结构直接影响机床的切削性能和切削效率。常见的数控车床有四工位刀架、六工位刀架、排式刀架、回转式刀架以及动力刀架等，如图 1-7 所示。

数控车床的主轴有手动有级调速、手动换挡无级调速（手动有级换挡、挡内无级调速）及无级调速三种形式。手动有级调速一般用于普通车床数控化改造后的经济型数控车床。

数控车床的主轴一般设置一个同步带连接一个主轴旋转编码器，用于检测主轴的运动信号，一方面可以实现主轴调速的数字反馈，另一方面也可用于进给运动的精确控制，实现车螺纹时主轴转速与刀架移动之间的精确运动关系。数控车床的主轴根据需要可配备液压卡盘，实现自动化程度较高的工件夹紧与松开的动作。

图1-6 数控车床的布置形式

a）平床身 b）斜床身 c）平床身斜滑块 d）立床身

图1-7 刀架的种类

a）四工位刀架 b）六工位刀架 c）排式刀架 d）回转式刀架 e）、f）动力刀架数控车床的进给传动系统是控制 X、Z 坐标轴精确移动的主要组成部分,它与普通车床相比有很大的不同。数控车床进给系统的每一坐标轴都有一个伺服电动机作为动力,通过高精度的滚珠丝杠螺母传动副将旋转运动转化为刀架的直线运动。普通型数控车床的进给系统一般采取半闭环与闭环控制方式,如图 1-8 所示。

图 1-8 数控车床进给传动控制系统
a)半闭环控制 b)闭环控制

数控车床的润滑系统主要包括机床导轨、传动齿轮、滚珠丝杠和主轴箱等的润滑,一般采用集中润滑系统,即从一个润滑油泵供油,通过各主、次油路上的分配器,按所需油量分配到各润滑点。集中润滑系统按润滑泵的驱动方式不同,分为手动型和自动(电动)型供油系统;按供油方式不同,分为连续供油系统和间歇供油系统。目前,数控车床的集中润滑系统一般采用间歇供油系统。图 1-9 为机床润滑系统常用的间歇供油泵,电动型供油系统应用更广泛。

图 1-9 机床润滑系统常用的间歇供油泵
a)手动型 b)电动型

排屑系统也是数控车床上常常选配的装置之一。由于在数控机床的切屑中往往混合着切削液,排屑装置应从其中分离出切屑,并将它们送入切屑收集箱内,而切削液则被回收到切削液箱。常见的排屑装置有平板链式、刮板式、螺旋式,如图 1-10 所示。

图 1-10 数控车床的排屑装置
a) 平板链式 b) 刮板式 c) 螺旋式

1.1.3 数控车床的工作原理

数控车床通过对数控程序的读入与处理,然后驱动主轴旋转、进给轴移动以及切削液的开关等,对零件进行预定的加工。数控车床加工的工作流程可用图 1-11 表示。

图 1-11 数控车床加工的工作流程

（1）数控加工程序输入　将零件加工程序以及补偿数据等通过键盘输入、通信传输和在线加工等方式输入机床的数控系统中。

（2）译码　数控系统通过译码程序来识别输入的内容,将加工程序翻译成计算机内部能够识别的信息。

（3）数据处理　数据处理就是处理译码信息。数控系统的数据处理部分一般设置有若干缓冲区,每读入一个程序段,并对其进行译码处理,将译码处理的数据存入一个缓冲区,同时继续读入下一个程序段,以此类推。译码数据处理包括刀补处理、速度预处理、控制机床顺序逻辑动作的开关量信号等。

（4）PLC 控制　接收数据处理后控制机床顺序逻辑动作开关量信号部分信息，并用于控制各种辅助控制功能（M 功能）、主轴速度控制（S 功能）、选刀功能（T 功能）等。

（5）插补计算　接收数据处理后控制机床切削运动的信息，并进行插补处理。插补处理是依据插补原理，在给定的走刀轨迹类型（如直线、圆弧）及其特征参数，如直线的起点和终点，圆弧的起点、终点及半径，在起点和终点之间进行数据点的密化处理，并给相应坐标轴的伺服系统进行脉冲分配。密化处理的实质就是采用一小段直线或圆弧去对实际的轮廓曲线进行拟合，以满足加工精度的要求。

（6）位置控制　对于闭环或半闭环控制系统，需要通过位置控制处理程序来计算理论指令坐标位置与工作台实际坐标位置的偏差，通过偏差信号来对伺服驱动系统进行控制。

（7）速度控制　同位置控制，对于闭环或半闭环控制系统，需要通过速度控制来控制工作台实际的移动速度。

（8）伺服驱动　伺服驱动是由伺服驱动电动机和伺服驱动装置组成，它能对数控系统输出的位置和控制信号进行放大处理，并驱动工作台运动，它是数控机床的执行部分。

（9）反馈　反馈是闭环或半闭环控制所必需的一部分，它能将数控机床工作台的实际位置和移动速度反馈给数控系统，对工作台的位置误差和移动速度的误差进行修正，以实现高精度的控制。

1.2　数控车削刀具工作部分结构分析

1.2.1　数控车削刀具工作部分的基本概念与结构

1. 车削加工的基本运动和加工表面

以图 1-12 所示的外圆车削为例，工件的旋转运动和刀具的进给运动共同作用完成了外圆的车削加工。

图 1-12　外圆车削基本运动与加工表面

（1）基本运动

1）主运动：工件旋转运动，是外圆车削的基本运动，其消耗的功率最大。主运动转速用 n 表示，单位为 r/s 或 r/min，车削加工常用 r/min。

2）进给运动：刀具的连续移动，是刀具连续去除材料的保证，其消耗的功率远小于主运动。

（2）加工表面

1）已加工表面：切削后在工件上形成的新表面，加工过程中逐渐扩大。

2）待加工表面：工件上待切除切削层的表面，加工过程中逐渐缩小。

3）过渡表面：切削刃正切削的表面，是已加工表面与待加工表面之间的过渡表面，加工过程中不断变化。

2. 切削用量

切削用量是指切削速度、进给速度和背吃刀量三个加工参数的总称，所以又称为切削用量三要素，如图 1-13 所示。

图 1-13　切削用量三要素

1）切削速度是切削刃上选定点的线速度，用 v_c 表示，单位为 m/min。

$$v_c = \frac{\pi d n}{1000}$$

式中　d——工件直径（mm）。

2）进给速度有分进给 v_f（mm/min）与转进给 f（mm/r）两种，两者关系为

$$v_f = nf$$

式中　n——主轴转速（r/min）。

3）已加工表面与待加工表面的垂直距离，如图 1-13 中待加工表面直径 d_w 与已加工表面直径 d_m 差值的一半，用背吃刀量 a_p 表示，单位为 mm。

$$a_p = \frac{d_w - d_m}{2}$$

3. 车刀切削部分的几何要素

所有的车削刀具都是由刀柄（刀体）和刀头（刀齿）组成。刀柄（刀体）用于夹持刀具，刀头（刀齿）构成刀具的切削部分，承担着切削的工作。所谓几何要素是指构成几何体的点、线、面。

刀具切削部分的几何要素可归纳为三个刀面、两条切削刃和一个刀尖，如图 1-14 所示。

具体说明如下：

（1）前面 A_γ 切屑流出的表面。

（2）主后面 A_α 与过渡表面相对的表面。

（3）副后面 A'_α 与已加工表面相对的表面。

（4）主切削刃 S 前面与主后面的交线。

（5）副切削刃 S' 前面与副后面的交线。

（6）刀尖 主切削刃与副切削刃的交点。

理论上刀尖是一个几何点，实际上刀尖不可能绝对的"尖"。另外，根据切削加工的需要，有时人为将刀尖磨成一定的形状——过渡刃。

图 1-14 车刀切削部分的几何要素

a）外圆车刀 b）理想刀尖 c）圆弧过渡刃 d）倒角过渡刃

r_ε—刀尖圆角半径 b_ε—刀尖倒角长度

4. 刀具标注角度的参考系

刀具标注角度是刀具设计、制造和刃磨时所必需的刀具几何参数。刀具角度的标注必须在一定的参考坐标系中进行。常用的刀具参考系有正交平面参考系、法平面参考系及背平面和假定工作平面参考系，如图 1-15 所示。

图 1-15 刀具标注角度的参考系

a）正交平面参考系 b）法平面参考系 c）背平面和假定工作平面参考系

（1）刀具标注角度参考系涉及的基准平面　主要有以下几个。

1）基面 p_r：通过切削刃上的选定点并与该点主运动切削速度 v_c 向量垂直的平面。

2）切削平面 p_s：通过切削刃上的选定点与切削刃相切且垂直于基面的平面。

3）正交平面 p_o：通过切削刃上的选定点并同时垂直于基面与切削平面的平面。

4）法平面 p_n：通过切削刃上的选定点并垂直于主切削刃（或切线）的平面。

5）背平面 p_p 和假定工作平面 p_f：背平面是通过切削刃上的选定点，平行于刀杆轴线并垂直于基面的平面；假定工作平面是通过切削刃上的选定点，同时垂直于刀杆轴线和基面的平面。

（2）刀具标注角度参考系　主要有以下三个，如图1-15所示。

1）正交平面参考系：基面 p_r、切削平面 p_s 和正交平面 p_o 构成的参考系。

2）法平面参考系：基面 p_r、切削平面 p_s 和法平面 p_n 构成的参考系。

3）背平面和假定工作平面参考系：基面 p_r、背平面 p_p 和假定工作平面 p_f 构成的参考系。

5. 刀具标注角度

刀具主要的标注角度如图1-16所示。

图1-16　刀具标注角度参考系及其角度

研读图1-16时注意联系前面谈到的刀具切削部分的几何要素、参考平面和坐标参考系方面的知识，并注意下面谈到的标注角度的定义，特别提醒的是要注意各种角度的正、负方向。

刀具的标注角度主要包括：

（1）在正交平面 p_o 中标注的角度　主要有以下三个。

1）前角 γ_o：在正交平面 p_o 中度量的前面与基面之间的夹角。

2）后角 α_o：在正交平面 p_o 中度量的主后面与切削平面之间的夹角。

3）楔角 β_o：在正交平面 p_o 中度量的前面与主后面之间的夹角，$\beta_o = 90° - (\gamma_o + \alpha_o)$。

（2）在基面 p_r 中标注的角度　主要有以下三个。

1）主偏角 κ_r：在基面 p_r 中度量的主切削刃的投影与进给运动方向间的夹角。

2）副偏角 κ_r'：在基面 p_r 中度量的副切削刃的投影与进给运动方向间的夹角。

3）刀尖角 ε_r：在基面 p_r 中度量的主切削刃和副切削刃投影间的夹角，$\varepsilon_r = 90° - (\kappa_r + \kappa_r')$。

（3）在切削平面 p_s 中标注的角度　一般用于标注刃倾角。

刃倾角 λ_s：在切削平面 p_s 中，主切削刃与基面间的夹角。

（4）在法平面 p_n 中标注的角度　与在正交平面中度量的角度类似，有法前角 γ_n、法后角 α_n 和法楔角 β_n，见图 1-16 中 N—N 剖面图。

（5）在背平面 p_p 和假定工作平面 p_f 中标注的角度　与前述类似，有背前角 γ_p、背后角 α_p、背楔角 β_p 和侧前角 γ_f、侧后角 α_f、侧楔角 β_f 等，参见图 1-16 中的 P—P 剖面图和 F—F 剖面图。

1.2.2　典型车削刀具工作部分的标注角度及结构分析

图 1-17 为 90°外圆车刀的标注角度，图 1-18 为 45°端面车刀的标注角度。

图 1-17　90°外圆车刀的标注角度　　图 1-18　45°端面车刀的标注角度

图 1-19 为切断车刀的标注角度，图 1-20 为内圆车刀的标注角度。

图 1-21 为纵车螺纹车刀的标注角度及工作角度变化。由于车削螺纹时进给量 f 较大，若按图 1-21b 所示左右刀具角度磨削成相同的角度，则在实际加工时，必然造成左、右切削刃实际的工作角度发生较大的变化，其左切削刃前角增大、后角减小，右切削刃则相反。如图 1-21a 中下标中有字母 "e" 的为前、后实际的工作角度。为此，实际中常将刀具切削部分预先磨成图 1-21c 所示左、右切削刃前后角不相等的情况，保证实际加工时的前、后工作角度相等。

图 1-19 切断车刀的标注角度

图 1-20 内圆车刀的标注角度

图 1-21 纵车螺纹车刀的标注角度及工作角度变化

a）刀具切削示意图　b）$\alpha_{fL}=\alpha_{fR}$　c）$\alpha_{fL}>\alpha_{fR}$

1.2.3 车削加工切削层参数

车削加工切削层参数包括切削厚度 h_D、切削宽度 b_D 和切削面积 A_D 三项,如图1-22所示。

（1）切削厚度 h_D　在主切削刃选定点的基面内垂直于过渡表面度量的切削层的尺寸。其计算式为

$$h_D = f \sin \kappa_r$$

（2）切削宽度 b_D　在主切削刃选定点的基面内平行于过渡表面度量的尺寸。其计算式为

$$b_D = \frac{a_p}{\sin \kappa_r}$$

（3）切削面积 A_D　在主切削刃选定点的基面内切削层的截面面积。其计算式为

$$A_D = h_D b_D = f a_p$$

> **注意**
>
> 当切削刃为曲线时,切削刃上各点的切削厚度 h_D 是变化的,如图1-22b所示。

图1-22　车削加工切削层参数

a）直线切削刃　b）曲线切削刃

1.3 数控车床的坐标轴与坐标系

坐标系是数控机床工作的基础,在学习数控车床的坐标系时,必须了解以下几个坐标系及其相关知识。

1.3.1 机床坐标系的标准规定

国际标准化组织（ISO）对数控机床的坐标和方向制定了统一的标准（ISO841:2001）。我国等效采用了这个标准,制定了GB/T19660—2005《工业自动化系统与集成　机床数值控制坐标系和运动命名》。

机床坐标系为一个右手笛卡儿坐标系,如图1-23所示,标准规定如下。

1）基本的直线运动坐标轴用X、Y、Z表示,围绕X、Y、Z轴旋转的圆周进给坐标轴分别用A、B、C表示。

图 1-23 右手笛卡儿坐标系

2)空间直角坐标系的 X、Y、Z 三者的关系及其方向由右手定则判定,拇指、食指、中指分别表示 X、Y、Z 轴及其方向,A、B、C 的正方向分别用右手螺旋法则判定。

3)以上规则适用于工件固定不动,刀具移动的情形。若工件移动,刀具固定不动时,正方向反向,并加"'"表示。

4)机床坐标系原定位置由机床制造厂规定。

以上规定,让编程人员在编程时可以不考虑具体的机床是工件不动还是工件移动,便于将更多的精力集中在编程上。

1.3.2 坐标轴及其方向

按照标准的相关规定,卧式数控车床的坐标轴及其方向如图 1-24 所示。

(1)Z 轴 平行于机床主轴,方向指向尾架方向。

(2)X 轴 径向且平行于横刀架,方向远离旋转主轴轴线。

(3)C 轴 数控车削中心一般还有一个 C 轴,按照标准规定,C 轴为绕主轴旋转的坐标轴,其方向按照右手螺旋法则判定。

图 1-24 卧式数控车床的坐标轴及其方向

(4)机床坐标系原点 从机床总体结构设计角度,其基准多选择机床主轴轴线与主轴端面的交点,故其是机床坐标系原点的设置之一。从数控系统参考点调试与设置的习惯而言,实际中更多的是设置在 X 轴和 Z 轴正方向的最大位置。

1.3.3 机床参考点与坐标系

1. 机床参考点

机床参考点是数控车床坐标系原点设置的基础,它需通过数控系统等设置,通过机床各坐标轴位置体现。数控车床坐标轴的位置检测元件有相对检测元件与绝对检测元件两种。

对于采用相对位置检测元件的数控车床，数控装置通电后并不知道机床坐标系原点的位置。为此，常在每个坐标轴的移动范围内设置一个电气行程开关作为参照点（数控车床一般在 X 轴和 Z 轴的正向最大行程处向负方向偏移一小段距离），机床开机后，通过手动或自动返回参考点操作，控制刀架移动至压下行程开关，然后偏移一小段距离停止，以建立机床参考点。

对于采用绝对位置检测元件的数控车床，其参考点的位置是通过调试确定的，即手动将刀架移动至预设置机床参考点的位置，然后通过数控系统的设置，记住该点位置作为机床参考点。这种机床数控系统中装有电池，确保机床断电后仍能记住机床参考点位置，因此，它下次开机后能调用并建立机床参考点，而不需执行返回坐标点操作。当然，一旦电池电源耗尽，必须及时更换电池，否则参考点丢失，需要重新设置。

2. 机床参考点的设置

数控车床的参考点一般可设置多个，其第一参考点多用于设置机床坐标系，第 1 参考点常常简称为参考点。FANUC 0i Mate-TC 数控系统允许设置 4 个参考点，其中第 1 参考点简称为参考点，其余的参考点分别称为第 2、3、4 参考点。机床参考点常用于设置换刀点等。机床参考点可由数控系统的参数 1240～1243 设定。

机床参考点位置一般由机床厂家或专业人员设定，操作者不宜随便改变。机床参考点仅仅是刀架移动至参考点的位置，具体的点取决于对刀设置，可以在刀架中心或刀尖点上。

3. 数控车床机床坐标系设置分析

图 1-25 所示为数控车床常见坐标系关系简图。按数控车床的调试习惯，参考点 O_R 多设置在右上角所示 X 轴和 Z 轴的最大位置处，该点的坐标值设置在系统参数中，如 FANUC 0i 数控系统的参数 1240 中，假设参数 1240 设置为 X=0、Z=0，则返回坐标参考点 O_R 后其机床坐标值显示为 X=0、Z=0，此时，可认为机床坐标系原点与机床参考点重合，即可认为机床坐标系设置在机床参考点上。

图 1-25 数控车床常见坐标系关系简图

按此原理，若参数 1240 的 X 和 Z 设置为参考点 O_R 相对于主轴端面中心点 O'_m 的坐标，则机床返回坐标参考点 O_R 后刀架的位置为坐标原点 O'_m 坐标系的坐标位置，即可认为机床坐标系原点为 O'_m 点，或者说机床坐标系设置在主轴端面中心处。

读到此处，应该理解 GB/T19660—2005 中关于机床坐标系原点由机床厂规定的含义了。

在实际生产中，大部分数控车床均是将机床坐标系设置在机床参考点位置上，这时，执行返回坐标点操作后的机床坐标显示值为 X=0、Z=0，这也就是为什么数控机床的返回坐标参考点操作俗称"回零"的原因。

数控车削加工时，工件坐标系一般设置在工件端面中心处，如图 1-25 中 O_w 点为原点的坐标系。工件坐标系的设定实质是确定工件坐标系在机床坐标系中的位置。以 G54 指令建立工件坐标系为例，它是将工件坐标系原点 O_w 相对于机床坐标系原点 O_m 的坐标值预先存入工件坐标系 G54 存储器中。因此，机床坐标系原点设置在什么位置并不影响工件坐标系的位置，仅仅表现为显示坐标值的不同。

4. 应用说明

应用机床坐标系应该注意以下事项：

1）采用相对位置检测元件的数控机床，通电后执行手动返回参考点操作可设定机床坐标系。

2）采用绝对位置检测元件的数控机床，通电后会自动建立工件坐标系，故不需执行"回零"操作。

3）机床坐标系一经设定，即保持不变直至断电。

4）G28 指令是自动返回机床参考点指令，因此它也可称为自动"回零"操作。它在手动返回坐标点操作完成前后的运行速度一般不同。

1.3.4 工件坐标系

工件坐标系是与工件加工编程相关的坐标系，它可细分为编程坐标系与加工坐标系，两者可以通称为工件坐标系。工件坐标系是由机床坐标系平移获得。一般情况下，加工坐标系与编程坐标系是重合的。

在编程时，编程人员可以不考虑机床坐标系，而根据图样的工艺特点和编程的方便性自行确定编程时的坐标系及编程原点，这种坐标系称为编程坐标系。编程坐标系是基于图样编程时称呼的坐标系。

加工时，由于装夹位置的不确定性，每一次装夹工件的位置并不完全相同，数控系统提供了专门的坐标系选择和设置指令，可以在机床坐标系中任意地确定加工坐标系原点而建立加工坐标系，这种坐标系称为加工坐标系。加工坐标系是基于加工时称呼的坐标系。

确定工件坐标系原点在机床中位置的过程称为"对刀"。这个过程实质上是确定工件坐标系原点在机床坐标系中的坐标偏移值，并存入数控系统的相应位置，数控机床运行时会根据相应的指令调用这些偏移值并建立加工坐标系。

图 1-26 所示为数控车削加工工件坐标系设置示例。工件坐标系原点可取在工件的右端

面、左端面和卡盘前端面的主轴中心线上,若端面留有加工余量,则实质上是右端面偏材料内侧一段加工余量。建议取在工件的右端面上。

图1-26 数控车削加工工件坐标系的设置示例
a）设在右端面 b）设在左端面（卡盘端面）

1.4 FANUC 0i Mate-TC 数控系统指令

数控车床是按照一定的数控指令进行工作的。不同的数控系统,其功能指令有较大的差异,即使是同一品牌的数控系统,其不同版本的数控指令也是略有差异的。要学习数控车床的操作,首先必须明确所使用数控车床的指令系统,一般可参照机床厂家提供的编程和操作手册进行学习。

1.4.1 G指令

G指令又称为准备功能指令,其字地址符是G,所以又称为G功能或G代码。它的定义是建立机床或控制系统工作方式的一种命令。G指令中的后续数字大多为两位正整数（包括00）。不少机床此处的前置"0"允许省略,即能够辨识G1就是G01等。表1-2为应用较为广泛的FANUC 0i Mate-TC数控系统的G指令。

表1-2 FANUC 0i Mate-TC 数控系统的G指令

G代码			组	功能
A	B	C		
G00	G00	G00	01	快速定位（快速运动）
G01	G01	G01		直线插补（切削进给）
G02	G02	G02		顺时针圆弧插补（切削进给）
G03	G03	G03		逆时针圆弧插补（切削进给）
G04	G04	G04	00	暂停
G07.1（G107）	G07.1（G107）	G07.1（G107）		圆柱插补
G10	G10	G10		可编程数据输入
G11	G11	G11		可编程数据输入方式取消

（续）

G 代码			组	功 能
A	B	C		
G12.1 （G112）	G12.1 （G112）	G12.1 （G112）	21	极坐标插补方式
G13.1 （G113）	G13.1 （G113）	G13.1 （G113）		极坐标插补方式取消
G18	G18	G18	16	ZpXp 平面选择
G20	G20	G70	06	英寸输入
G21	G21	G71		毫米输入
G22	G22	G22	09	存储行程检测功能有效
G23	G23	G23		存储行程检测功能无效
G27	G27	G27	00	返回参考点检测
G28	G28	G28		返回参考点
G30	G30	G30		返回第 2、3、4 参考点
G31	G31	G31		跳转功能
G32	G33	G33	01	螺纹切削
G40	G40	G40	07	刀尖圆弧半径补偿取消
G41	G41	G41		刀尖圆弧半径补偿左
G42	G42	G42		刀尖圆弧半径补偿右
G50	G92	G92	00	坐标系设定或最大主轴转速钳制
G50.3	G92.1	G92.1		工件坐标系预设
G52	G52	G52		局部坐标系设定
G53	G53	G53		机床坐标系选择
G54	G54	G54	14	选择工件坐标系 1
G55	G55	G55		选择工件坐标系 2
G56	G56	G56		选择工件坐标系 3
G57	G57	G57		选择工件坐标系 4
G58	G58	G58		选择工件坐标系 5
G59	G59	G59		选择工件坐标系 6
G65	G65	G65	00	宏程序调用
G66	G66	G66	12	宏程序模态调用
G67	G67	G67		宏程序模态调用取消
G70	G70	G72	00	精加工循环
G71	G71	G73		车削中刀架移动
G72	G72	G74		端面加工中刀架移动
G73	G73	G75		图形重复
G74	G74	G76		端面深孔钻
G75	G75	G77		外径/内径钻
G76	G76	G78		多头螺纹循环

（续）

G 代码			组	功　能
A	B	C		
▼G80	▼G80	▼G80	10	固定钻循环取消
G83	G83	G83		平面钻孔循环
G84	G84	G84		平面攻螺纹循环
G85	G85	G85		正面镗循环
G87	G87	G87		侧钻循环
G88	G88	G88		侧攻螺纹循环
G89	G89	G89		侧镗循环
G90	G77	G20	01	外径/内径切削循环
G92	G78	G21		螺纹切削循环
G94	G79	G24		端面车循环
G96	G96	G96	02	恒表面速度控制
▼G97	▼G97	▼G97		恒表面速度控制取消
G98	G94	G94	05	每分钟进给
▼G99	▼G95	▼G95		每转进给
—	▼G90	▼G90	03	绝对值编程
—	G91	G91		增量值编程
—	G98	G98	11	返回初始点
—	G99	G99		返回 R 点

注：1. 表中有三种 G 代码系统——A、B、C。数控系统可通过参数（参数 3401）设置来进行选择，默认的选择是 G 代码系统 A，本书主要介绍系统 A。这种系统的绝对/增量坐标分别采用地址符（X、Z）/（U、W）区别表示，适用于单一刀架的机床。

2. G 代码分为模态和非模态指令两种。所谓模态指令是指该指令具有续效性，在后续的程序段中，在同组其他 G 指令出现之前一直有效。而非模态指令不能续效，只在所出现的程序段中有效，下一个程序段需要时，必须重新写出。例如 01 组的 G 指令有 G00、G01、G02 和 G03 四个，若在某一个程序段中用到了 G01，则后续的程序段中若没有用到 G00、G02 和 G03，则程序段中可以不写 G01。表中除了 G10 和 G11 外，00 组的 G 指令都是非模态 G 指令，而其余组的 G 指令便是模态指令。

3. 不同组的 G 指令，在同一程序段中可指定多个。如果在同一程序段中指定了两个或两个以上同组的 G 指令，则只有最后的 G 指令有效。如果在程序中指定了 G 指令表中没有列出的 G 代码，则系统会报警。

4. 表中指令左上角带有"▼"符号的 G 指令为初始状态 G 指令，又称默认 G 指令，即数控系统的电源接通或复位时 CNC 进入清除状态时的 G 指令。一般情况下，每一组默认 G 代码中只有一个。G20 和 G21 初始指令为断电前的状态。是否保持初始状态，G 代码可以通过参数 3402 设置改变，表中所列为出厂时的默认状态。G00 和 G01、G22 和 G23、G91 和 G90 可以单独用参数 3402 和 3401 设置。

5. 如果在固定循环中指定了 01 组的 G 代码，就像指定了 G80 指令一样取消固定循环。指令固定循环的 G 代码不影响 01 组 G 代码。

6. 当 G 代码系统 A 用于钻孔固定循环时，返回点只有初始平面。即直接返回初始平面，不存在参考平面（R 点平面），这实际上是符合车床钻孔的特点的。

7. 表中的 G 代码按组号显示。

1.4.2　M 指令

M 指令又称辅助功能指令，主要用于控制机床加工过程中的一些辅助动作。辅助功能指令一般由地址符 M 及其后面的两位数字组成。常见的 M 指令见表 1-3。

表 1-3 常见 M 指令

M 指令	功　能	附　注	M 指令	功　能	附　注
M00	程序暂停	非模态	M06	换刀	非模态
M01	程序计划暂停	非模态	M08	切削液开启	模态
M02	程序结束	非模态	M09	切削液关闭	模态
M03	主轴正转	模态	M30	程序结束并返回	非模态
M04	主轴反转	模态	M98	子程序调用	模态
M05	主轴停止	模态	M99	子程序结束并返回	模态

注：1. 通常，一个程序段中只能有一个 M 代码有效（即最后一个 M 代码）。
　　2. 除数控系统指定了功能外（如 M98、M99 等），其余 M 代码一般由机床制造厂家决定和处理。具体见机床制造厂家的使用说明书。

常用 M 指令功能说明：

1. 程序暂停（M00）和计划暂停指令（M01）

M00 指令用于程序暂停。暂停期间，系统保存所有模态信息，仅停止主轴（注：有的机床不停主轴）、切削液。当按下 循环启动 按钮，系统继续执行。

M01 指令用于计划停止，又称选择暂停。当按下操作面板上的 选择暂停 按钮时，其功能与 M00 相同，否则，M01 被跳过执行。

M00 主要应用于工件尺寸的测量、工件的调头、手动变速、排屑等。M01 可实行计划抽检等。

对于 M00 和 M01 指令不停主轴的机床，必须在程序中使用 M05 停止主轴。

2. 主轴起动与停止指令（M03、M04、M05）

主轴起动指令包括主轴正、反转指令 M03、M04 和主轴停止指令 M05。其中，M03 应用广泛，几乎每一个数控程序都要用到。

M02 和 M30 均具有主轴停转的功能，所以有的程序不出现 M05 指令。

3. 程序结束指令（M02、M30）

M02 指令常称为程序结束指令，而 M30 指令常称为程序结束并返回指令。程序结束指令执行后，机床的主轴、进给、切削液等全部停止，所有的模态参数取复位状态。

M02 和 M30 的差异性分析：过去使用纸带记录和运行数控程序时，M02 仅表示程序执行结束，但纸带并不倒带，纸带处于程序执行完成的状态，下一次执行该指令时必须首先将程序纸带倒带，回到程序开始处。而 M30 指令则表示程序执行完成后纸带倒带回到程序开始处，如果是在加工同一个零件，则只需按下循环启动按钮，就可以立即执行程序。近年来，数控系统的程序均是记录在计算机的存储器中，其不存在纸带倒带，而程序的光标（又称指针）在 CNC 系统中返回程序开头非常迅速，所以现代的 CNC 数控系统其 M02 和 M30 的功能往往设计成功能相同。

在 FANUC 0i 系统中，可以通过参数 3404 设置 M02 和 M30 指令在主程序结束后是否将程序自动返回程序的开头。

4. 切削液开关指令（M07、M08、M09）

常用的切削液开关指令是开启指令 M08 和关闭指令 M09。对于有两个切削液的数控车床，用 M07 控制 2 号切削液的开启。

1.4.3　T 指令

T 指令又称刀具指令，FANUC 0i Mate-TC 系统的刀具功能指令具有两种功能：一种是刀具选择和换刀功能，另一种是刀具寿命管理功能。这里主要介绍刀具选择和换刀功能。一个程序段只能指定一个 T 代码。

FANUC 0i 数控系统的车床 T 指令一般用地址符 T 及其后面四位数字的格式指定（参数 5002 的第 0 位 LD1=0），即 T（2+2）格式指令，前两位表示刀具号，后两位表示刀具补偿号（刀补号），其指令格式如下：

$$\underset{\underset{\text{刀具号}}{\underline{}}\;\underset{\text{刀具补偿号}}{\underline{}}}{\text{T}\times\times\times\times}$$

说明：

1）当刀具号为 00 时，则不选择刀具。当刀具补偿号为 00 时，其补偿值为 0，即相当于取消刀具补偿。

2）同一把刀具可以调用不同的补偿号。一般来说，刀具补偿存储器的数量远大于刀具数，如 FANUC 0i 系统的刀具补偿号存储器共有 64 个。

3）刀具指令执行后，其位置补偿值 X、Z 立即生效，其表现为后续的刀具移动位置是指令中指定的坐标值与相应位置补偿值的代数和。而刀尖圆弧半径补偿值 R、T 则必须与 G41、G42 指令合作才能生效。

1.4.4　S 指令

S 指令又称主轴速度功能指令，用地址符 S 及其后面的数值指令。

对于无级变速的机床，主轴转速可以用地址符 S 和其后的数值直接指令主轴的转速。

对于机械换挡与变频无级变速的方式，一般采用机械换挡分段预调，然后由地址符 S 和其后的数值控制变频器来进行主轴转速控制。若要在程序中进行换挡，则可采用暂停指令 M00 配合实现机械变速。例图 1-2a 所示的数控车床，机械三挡（S25～S135、S105～S545 及 S420～S2200），三挡内无级变速。

对于使用 M00 不能停止转动主轴的机床，必须在程序中通过 M05 停转主轴，然后再暂停系统，才能实现手工换挡，别忘了后面的 S 指令要用 M03 重新起动主轴。其典型程序示例为：

```
 ⋮
M05;         主轴停转
M00;         系统暂停，手动换挡
S_ M03;      改变主轴转速，起动主轴
 ⋮
```

1.5 数控车削加工程序的结构图解与构成分析

1.5.1 数控车削加工程序的格式分析

数控车削加工程序的一般格式如下，程序中的每一行称为程序段。

```
%                                          开始符
O1000;                                     程序名
N10  M03  S600;
N20  G00  G54  X100.0 Z200.0 T0101;
N30  X42.0  Z0  M08;                       程序主体
N30  G01  X0  F300;
N40  X2.0;
⋮
N300  M30;                                 程序结束指令
%                                          结束符
```

说明：

1) 程序开始符和结束符 "%"，单列一段。这个符号手工输入程序时会自动生成，外部传输输入 CNC 系统时一定要写。

2) FANUC 系统的程序名规定由英文字母 O 和四位数字组成，单列一段，即 O××××。数字前零可以省略。

3) 程序主体是程序的主要部分，各程序差异主要集中在这一部分。

4) 程序结束一般用 M30 或 M02 指令，实际使用时依各人习惯，一般用 M30 较多。

1.5.2 数控车削加工程序段的一般格式

对于以地址符区分绝对/增量坐标的数控车削控制系统而言，其程序段的基本格式为

其中，G_ 为准备功能指令，即表 1-2 中的 G00～G99；X_、Z_ 为刀具移动终点的绝对坐标值；U_、W_ 为刀具移动终点相对于起点的增量坐标值，实质是刀具移动的距离；I_、K_/R_ 为圆弧插补时圆心相对于圆弧起点的坐标值/圆弧半径值；T_ 为刀具指令，一般为 T（2+2）格式；F_ 为进给速度指令；S_ 为主轴转速指令；M_ 为辅助功能指令；; 为程序段结束符。

说明：

1) 程序段的一般格式为：程序号字，各种功能字，数据字，程序段结束符（;）。

2) 一个程序段由若干个可作为具有特定操作的信息单元存储的 "字" 组成，每个字由 "地址符（英文字母）+ 数字" 组成。

3) 程序段序号用 N 后跟一个不超过 5 位的数值（1～99999）组成。顺序号可以随

意指定，也可以没有顺序号。

4) 程序段是可作为一个单位来处理的、连续的字组，包含一组的操作，是数控加工程序中的一条语句。

5) 程序段一般使用字地址可变程序段格式，每个字长不固定，各个程序段中的长度和功能字的个数都是可变的。

6) 在地址可变程序段格式中，上一程序段中写明的、本程序段里又不变化的那些字仍然有效，可以不再重写。这种功能字称为续效字。

7) 虽然是地址可变程序段格式，但为了书写、输入、检查和校对方便，各功能字在程序段中的位置习惯按以上的顺序排列。

例：某一数控车削程序段格式如下：N10 G03 X28.0 W-15.0 R5.0 F50 T0101 S1000 M03;，它等同于下述程序段：N10 M03 S1000 T0101 F50 G03 X28.0 W-15.0 R5.0;。

1.6 数控车削基本编程指令图解与分析

1.6.1 坐标系指令

1. 机床坐标系指令（G53）

指令格式：G53 X_ Z_;

其中，X_、Z_ 为刀具在机床坐标系中的绝对坐标值。

执行 G53 指令后，不管刀具在什么位置（例如图 1-27 中的 B 点或 C 点），均会快速移动至机床坐标系中指令指定的位置（例如图 1-27 中的 A 点）。

💡 **注意**

1) G53 指令是非模态指令，仅在程序段中有效，其尺寸字必须是绝对坐标，若指令了增量坐标，则 G53 被忽略。

2) 执行 G53 指令之前必须执行手动操作或 G28 指令自动返回坐标参考点建立机床坐标系。

3) 对于采用绝对位置检测元件的数控车床，开机启动后即会自动建立工件坐标系。

程序示例 1（以图 1-27 为例）：

```
G28 U1.0 W1.0;      返回机床参考点（B 点），建立机床坐标系
G53 X-α Z-γ;        刀具快速移动至 A 点
⋮
```

程序示例 2（以图 1-27 为例）：

```
⋮
G01 X82.0 Z-58.0;   刀具移动至 C 点
G53 X-α Z-γ;        刀具快速移动至 A 点
⋮
```

图 1-27　G53 指令动作

2. 工件坐标系设定指令 G50（图 1-28）

图 1-28　G50 指令动作

指令格式：G50 X_ Z_ ;

作用：基于指令中的坐标值设定工件坐标系。

> **注意**
>
> 1）X_、Z_ 为刀位点在欲设定工件坐标系中的绝对坐标值。
> 2）G50 指令建立的工件坐标系与刀具当前位置有关。
> 3）执行 G50 指令设定工件坐标系之前，必须将刀具移至工件坐标系中指令指定的位置。

说明：

1）数控系统执行到 G50 指令时，刀具本身不会做任何移动，但数控系统会根据刀具的当前位置和 G50 指令的指定值建立工件坐标系，后续有关刀具移动的指令执行过程中尺寸字的绝对值就是以该坐标系为基准的。

2）G50 指令设定工件坐标系后，刀具当前位置的绝对坐标即为指令中指定的坐标值（工件坐标系中的坐标值），但其机床坐标系中的坐标值（图 1-28 中的坐标值 α 和 γ）仍然不变，可在数控系统中查询到。

3）以图 1-28 为例，起刀点位置为 A 点，若执行完 G50 X160.0 Z200.0; 指令后，则建立

起坐标原点为 O_w 的工件坐标系。

分析：G50 指令建立工件坐标系的加工程序，在程序结束之前，一般要将刀具返回对刀点 A，否则，再次执行时会改变工件坐标系的位置。但若与 G53 指令巧妙组合，则可具备 G54～G59 指令的功效。读者可仔细品味以下程序。

```
/G28 U1.0 W1.0;         返回机床参考点（B 点）
/G53 X-α Z-γ;           刀具快速移动至对刀点 A（坐标值 α 和 γ 可在对刀时查得）
G50 X160.0 Z200.0;      建立工件坐标系 XO_wZ
⋮
```

3. 工件坐标系选择指令（G54～G59）

在数控系统中，可以通过 LCD/MDI 操作面板事先设置好六个不同的工件坐标系，如图 1-29 所示。

当程序段中出现指令 G54～G59 时，即选择相应的工件坐标系。以图 1-28 为例，若工件坐标系 XO_wZ 设置为 G55，则执行完 G55 G00 X160.0 Z200.0; 指令后刀具快速定位至 A 点。

用 G54～G59 指令建立的工件坐标系与刀具当前位置无关。

a)

b)

图 1-29　工件坐标系设定界面

a) G54～G56　b) G57～G59

4. 刀具几何偏置设定工件坐标系

刀具偏置值必须通过刀具指令 T 调用。刀具偏置包括几何偏置（FANUC 0i 系统的简体中文偏置界面中称之为外形，下同）与磨损偏置两部分，利用 T 指令调用几何偏置亦可以建立工件坐标系。

在图 1-30a 中，若将工件坐标系原点 O_w 相对于机床参考点的坐标（G_x 和 G_z）事先输入 CNC 系统的刀具几何偏置存储器中，参见图 1-31b 所示，则程序执行时，通过刀具指令调用该几何偏置即可建立工件坐标系。

以图 1-30a 为例，假设 O_w 点相对于机床参考点的坐标输入在 NO.01 号刀具偏置存储器中，则以下程序执行至 N20 段刀具会快速定位至图 1-31a 中的程序起点 A。

```
N010 M03 S300;                    主轴正转，转速为800r/min
N020 G00 X160.0 Z200.0 T0101;     调用01号刀及01号刀补，建立工件坐标系，快速定位至A点
N030 G00 X60 Z0;                  刀具快速定位至工件端面上
N040 G01 X0 Z0 F0.2;              车端面，进给速度为0.2mm/r
⋮                                  ⋮
```

a)

b)

图1-30 刀具几何偏置设定工件坐标系

a）图例 b）几何偏置设置界面

1.6.2 坐标值与尺寸

1. 绝对值/增量值指令

数控车削编程一般采用地址字 X_、Z_ 指定绝对坐标值，地址字 U_、W_ 指定增量坐标值。数控车削编程允许绝对坐标与增量坐标混合编程。

图1-31为坐标值指定示例。

```
绝对坐标值指定：X140.0 Z40.0;
增量坐标值指定：U80.0 W−60.0;
混合坐标值指定：U80.0 Z40.0;
       或  X140.0 W−60.0;
```

图1-32所示为坐标值编程示例。

图1-31 坐标值指定示例

图1-32 坐标值编程示例

```
绝对坐标值编程：G01 X400.0 Z50.0 F200;
增量坐标值编程：G01 U200.0 W–400.0 F200;
混合坐标值编程：G01 X400.0 W–400.0 F200;
            或 G01 U200.0 Z50.0 F200;
```

2. 英制/米制转换指令（G20/G21）

在数控程序中，G代码数值的单位可以是英制或米制，具体如下：

英制单位指令：G20，单位为 in（英寸）。

米制单位指令：G21，单位为 mm（毫米）。

说明：

1）G20 或 G21 代码必须在程序的开始设定坐标系之前在一个单独的程序段中指定。

2）程序执行过程中，不能切换 G20 和 G21。

3）国内机床的默认设置一般是米制单位，因此很多人编程时往往省略不写 G21 指令。其由参数 0000 设定，也可通过 MDI 面板上的 **OFS/SET** 键进入设定（SETTING）界面进行设定。

4）若需加工英制单位的工件时，建议将英制尺寸转换为米制尺寸后进行编程，这样可以省去再配置一套英制单位的量具。

3. 尺寸字数值的小数点编程

尺寸字也叫尺寸指令，由"尺寸字地址符+尺寸数字"组成，包括 X_、Z_、U_、W_、I_、K_、R_ 等。在数控系统中输入省略尺寸字数字的小数点后，其数值单位两种表示方法的值不同，具体见表 1-4。

表 1-4 尺寸字数值小数点的作用

程 序 指 令	计算器型小数点输入	标准型小数点输入
X1000	1000 mm	1 mm
X1000.	1000 mm	1000 mm

说明：

1）采用计算器型还是标准型小数点输入法可由参数 3401 的第 0 位（DPI）确定。

2）标准型小数点输入法尺寸字后的数值单位是最小输入增量单位，一般为 0.001mm 单位。

3）当控制系统设置为标准型小数点输入时，若忽略小数点，则将指令值变为 1/1000，此时若加工，则有可能出现事故。因此建议编程者书写尺寸字后的数字时养成书写小数点（如 X1000.）的习惯。

4. 直径编程与半径编程

数控车床的数控系统在表示径向尺寸字（X地址符）时被设计成两种指定方法，即直径指定与半径指定，如图 1-33 所示。

图 1-33 直径指定与半径指定

说明：

1）用直径指定时，叫作直径编程，如图 1-33 中的 D_1、D_2；用半径指定时，叫作半径编程，如图 1-33 中的 R_1、R_2。

2）直径或半径编程由参数 1006 的第 3 位（DIA_x）设定。

3）一般常设置成直径编程。此时注意图中切槽加工时的槽深 h，编程时为 $2h$。

4）用增量指令时（用尺寸字 U 指定）仍为直径编程。轨迹 B 到 A 用 D_2 减 D_1 指定。但半径尺寸字 I_、K_、R 用半径编程。

5）LCD 面板上的 X 轴位置亦按直径值显示。

1.6.3 插补功能指令

1. 快速定位指令（G00）

指令格式：G00 X(U)_ Z(W)_ ;

其中，X(U)_、Z(W)_ 指定的是终点位置的绝对（增量）坐标值，为续效字（下同），X_、Z_ 为绝对值指令；U_、W_ 为增量值指令，同一程序段中允许混合使用。

图 1-34 所示为快速定位指令动作图解，相关说明如下：

1）快速定位移动轨迹有直线插补定位（AC）与非直线插补定位（ABC）两种，由参数 1401 的第 1 位（LRP）设置。

图 1-34 G00 指令动作图解

2）快速定位指令各轴移动的速度是固定的，各轴快速移动速度由参数 1420 设定，各轴快速移动倍率 F0 的速度由参数 1421 设定。

3）快速定位指令 G00 主要用于定位，指令刀具以快速移动速度移动到指定位置。

4）对于设定为非线性插补快速移动的数控机床，由于刀具移动轨迹常常为折线，所以要注意出现干涉而打坏刀具或损坏机床的情况。

图 1-35 所示加工示例，直径编程，加工指令如下，但刀具轨迹不同。

绝对坐标编程：G00 X40.0 Z4.0;
增量坐标编程：G00 U-60.0 W-36.0;

图 1-35　G00 举例
a) 线性插补定位　b) 非线性插补定位

2. 直线插补指令（G01）

指令格式：G01 X(U)_ Z(W)_ F_ ;

其中，X(U)_、Z(W)_ 指令的是终点位置的绝对（增量）坐标值，X_、Z_ 为绝对值指令，U_、W_ 为增量值指令，同一程序段中允许混合使用；F 代码指定刀具移动的进给速度（为续效字，下同），可为每分钟进给或每转进给。

直线插补指令的移动轨迹为直线，如图 1-36 所示，假设直线插补指令为 G01 XαZβ Ff；（f 为进给速度，mm/min），则各坐标轴的进给速度为

$$f_x = \frac{\alpha}{L}f \qquad f_z = \frac{\beta}{L}f$$

式中，$L = \sqrt{\alpha^2 + \beta^2}$。

说明：

1）直线插补指令刀具移动轨迹为刀具当前点与终点之间的直线。

2）指令 F 指定的是刀具进给移动的直线速度。

3）进给速度由指令 G98/G99 指定为分进给（mm/min）/ 转进给（mm/r）。

4）直线插补指令主要用于切削加工。

图 1-36　G01 移动轨迹与 X、Z 轴进给速度

3. 圆弧插补指令（G02/G03）

指令格式：G18 $\begin{Bmatrix} G02 \\ G03 \end{Bmatrix}$ X(U)_ Z(W)_ $\begin{Bmatrix} I\_ K\_ \\ R\_ \end{Bmatrix}$ F_ ;

其中，G18 为指定 ZX 平面为工作平面，是数控车削系统的默认设置，可以不写；G02/G03 为指定圆弧插补的运动方向，分别表示顺时针/逆时针圆弧插补；X(U)_、Z(W)_ 为指令圆弧终点的位置坐标，X_、Z_ 为终点位置的绝对坐标值，U_、W_ 为终点位置的增量坐标值，可以混合编程；I_、K_ 为指令圆心位置，具体为圆弧起点到圆弧中心的矢量在相应坐标轴上的分量，非续效字；R_ 为指令圆心位置，为不带符号的圆弧半径，非续效字；F_ 为沿圆弧插补方向的进给速度，同直线插补指令的要求。

说明：

1）圆弧插补方向的判断如图 1-37 所示。注意后置刀架与前置刀架车床的区别。

图 1-37 圆弧插补方向的判断

a）后置刀架 b）前置刀架

2）圆弧指令的编程方法有两种，分别是圆心坐标编程（又称 I、K 编程）和圆弧半径编程（又称 R 编程）。

3）圆心坐标编程时，尺寸字 I、K 为圆弧起点至圆心的增量坐标值，如图 1-38 所示。尺寸字 I0、K0 可以省略。

4）圆弧半径编程适用于圆心角小于 180°的圆弧，否则改为圆心坐标编程。

5）同时指定了 I、K 和 R，则 R 有效，I、K 无效。若 I、K 和 R 均未指定，则执行 G01 动作。

图 1-38 圆心坐标编程

a）后置刀架 b）前置刀架

6）后置刀架与前置刀架所编程序相同，即程序编制与是后置刀架还是前置刀架无关。

以图 1-39 所示图形为例，图中加工轨迹及方向为 $A \rightarrow B$，直径编程，进给速度为 0.3mm/r。可以看出后置刀架与前置刀架编写出的加工程序是相同的。

图 1-39　圆弧加工示意图

①用后置刀架编程：
绝对坐标值圆心坐标编程：
　　G02 X50.0 Z–20.0 I25.0 K0 F0.3；
或　G02 X50.0 Z–20.0 I25.0 F0.3；
增量坐标值圆心坐标编程：
　　G02 U20.0 W–20.0 I25.0 K0 F0.3；
或　G02 U20.0 W–20.0 I25.0 F0.3；
绝对坐标值圆弧半径编程：
　　G02 X50.0 Z–20.0 R25.0 F0.3；
增量坐标值圆弧半径编程：
　　G02 U20.0 W–20.0 R25.0 F0.3；

②用前置刀架编程：
绝对坐标值圆心坐标编程：
　　G02 X50.0 Z–20.0 I25.0 K0 F0.3；
或　G02 X50.0 Z–20.0 I25.0 F0.3；
增量坐标值圆心坐标编程：
　　G02 U20.0 W–20.0 I25.0 K0 F0.3；
或　G02 U20.0 W–20.0 I25.0 F0.3；
绝对坐标值圆弧半径编程：
　　G02 X50.0 Z–20.0 R25.0 F0.3；
增量坐标值圆弧半径编程：
　　G02 U20.0 W–20.0 R25.0 F0.3；

4. 等螺距螺纹切削指令（G32）

指令格式：G32 X(U)_ Z(W)_ F_ ；

其中，X(U)_、Z(W)_ 为螺纹切削结束点的坐标；F_ 为螺纹导程，进给速度单位为 mm/r。

常见的螺纹有圆柱螺纹、圆锥螺纹和端面（涡形）螺纹，如图 1-40 所示。

图 1-40　常见的几种螺纹
a）圆柱螺纹　b）圆锥螺纹　c）端面（涡形）螺纹

说明：

1）当程序段中的 X(U) 值不变（程序中可以不写），则为车削圆柱螺纹；当程序段中的 Z(W) 值不变（程序中可以不写），则为车削端面螺纹（涡形螺纹，如自定心卡盘内的驱动卡爪盘）；当程序段中的 X(U)、Z(W) 值均存在，则为车削圆锥螺纹（如管螺纹）。

2）螺纹的牙型属成形切削，一般要经过多次加工完成。常用螺纹切削的进刀次数及每次背吃刀量参见表 1-5。

表 1-5　常用螺纹切削的进刀次数及每次背吃刀量　　　　　　（单位：mm）

螺距		1.0	1.5	2.0	2.5	3.0	3.5	4.0
牙型高度（半径值）		0.649	0.974	1.299	1.624	1.949	2.273	2.598
进刀次数及背吃刀量（直径值）	1 次	0.70	0.80	0.90	1.00	1.20	1.50	1.50
	2 次	0.40	0.60	0.60	0.70	0.70	0.70	0.80
	3 次	0.20	0.40	0.60	0.60	0.60	0.60	0.60
	4 次	—	0.16	0.40	0.40	0.40	0.60	0.60
	5 次	—	—	0.10	0.40	0.40	0.40	0.40
	6 次	—	—	—	0.15	0.40	0.40	0.40
	7 次	—	—	—	—	0.20	0.20	0.40
	8 次	—	—	—	—	—	0.15	0.30
	9 次	—	—	—	—	—	—	0.20

3）数控车削螺纹的切入、切出距离（图 1-41）按以下经验选取：

$$\delta_1 \geqslant 2 \times 导程；\delta_2 \geqslant (1 \sim 1.5) \times 导程$$

图 1-41　数控车削螺纹的切入、切出距离
a）圆柱螺纹　b）圆锥螺纹

4）考虑到螺纹切削时金属的塑性变形，螺纹切削前的坯料直径可比公称直径略小。对于高速切削三角形螺纹时，当螺距在 1.5～3.5mm 时，大径一般可以小 0.15～0.25mm。

5）G32 指令切削一次螺纹需要四个动作：进刀①—切削②—退刀③—返回④，四个动作均需单独由程序完成，其中动作②为 G32，其余为 G00，如图 1-42 所示。

图 1-42　G32 圆柱螺纹切削

6）在螺纹切削过程中，主轴速度和进给速度倍率无效（固定在100%）。

7）螺纹切削时，主轴转速必须采用恒转速控制G97。

8）当前面的程序段是螺纹切削，当前程序段也是螺纹切削时，无须等待检测一转信号而立即开始当前段的切削。例：

G32 Z_ F_;	
Z_;	在此程序段前不检测一转信号A
G32;	认作螺纹切削程序段
Z_ F_;	也不检测一转信号

螺纹切削的编程步骤：

1）螺纹小径的确定。螺纹小径d的简单算法（普通三角形螺纹）是：

$$d=D-1.3P$$

式中，D为螺纹大径；P为螺距。

2）螺纹切入、切出行程δ_1和δ_2的确定。按前述经验公式确定。

3）编程径向尺寸的确定。根据表1-5确定切削次数及每次的背吃刀量，计算确定每次切削的径向尺寸，即：螺纹大径−每次进刀的累积深度（详见后面的编程举例）

4）按确定参数及零件图要求编程。

编程举例：图1-43所示螺纹，试用G32指令编程加工。已知：螺纹大径$d=D-1.3P=$（48−1.3×2）mm=45.4mm；螺纹切入和切出距离取δ_1=5mm、δ_2=2mm；每次进刀径向尺寸见表1-6。

表1-6 每次进刀径向尺寸　　　　　　　　　　　　　　　（单位：mm）

次　数	余　量	径向尺寸	次　数	余　量	径向尺寸
1	0.9	48.0−0.9=47.1	4	0.4	45.9−0.4=45.5
2	0.6	47.1−0.6=46.5	5	0.1	45.5−0.1=45.4
3	0.6	46.5−0.6=45.9			

图1-43螺纹的加工程序如下。

图1-43　螺纹加工示例

O0144;	程序名
N10 G50 X100. Z100.;	建立工件坐标系
N20 S300 M03 T0101;	主轴正转，转速为300r/min，调用01号刀及01号刀补

```
N30 G00 X58. Z70.;              进刀至起点
N40 X47.1;                      第1次进刀0.9mm
N50 G32 Z13. F2.;               切削螺纹
N60 G00 X58.;                   退刀
N70 Z70.;                       返回进刀起点
N80 X46.5;                      第2次进刀0.6mm
N90 G32 Z13. F2.;
N100 G00 X58.;
N110 Z70.;
N120 X45.9;                     第3次进刀0.6mm
N130 G32 Z13. F2.;
N140 G00 X58.;
N150 Z70.;
N160 X45.5;                     第4次进刀0.4mm
N170 G32 Z13. F2.;
N180 G00 X58.;
N190 Z70.;
N200 X45.4;                     第5次进刀0.1mm
N210 G32 Z13. F2.;
N220 G00 X100.;
N230 Z100.;                     快速退刀至起刀点
N240 T0100;                     取消刀补
N250 M30;                       程序结束并复位
```

1.6.4 进给功能

1. 快速移动

1）快速移动的速度由参数1420指定。

2）快速移动的轨迹设定由参数1401设定，包括非直线插补型定位（各轴分别快速移动）和直线插补型定位（刀具运动轨迹为直线），参见图1-35。

3）快速进给移动速度可由机床操作面板上的快速移动速度修调按钮进行速度修调，如图1-44所示。其中，① F0速度由参数1421设定；② 100%的速度由参数1420设定；③ 25%和50%倍率速度为100%速度的0.25和0.5。

4）快速移动的加、减速运动曲线可由参数1610设定，有指数型和直线型等。图1-45为直线型曲线，加、减速时间常数 T_R 由参数1620设定。

图1-44 快速移动速度修调按钮

图1-45 快速移动运动曲线——直线型

F_R—快速移动速度　T_R—加、减速时间常数

2. 切削进给速度

（1）切削进给速度是刀具移动的瞬时速度　如图 1-46 所示，切削进给速度是两坐标轴移动速度的合成，即 $F = \sqrt{F_X^2 + F_Y^2}$，切削进给速度的方向为刀位点的切线方向。

图 1-46　切削进给速度

a）直线插补　b）圆弧插补

（2）进给速度控制指令（G98/G99）其含义如图 1-47 所示。

说明：

1）CNC 系统通电后的进给方式由参数 3402 的第 4 位（FPM）设定，一般设定为每转进给方式。

2）G98/G99 指令是同组模态指令。

3）进给速度可用机床操作面板上的进给速度倍率旋钮进行调节，如图 1-48 所示。

图 1-47　G98/G99 指令　　　　　　　　图 1-48　进给速度倍率旋钮

a）G98 每分钟进给　b）G99 每转进给

4）切削进给速度的加减速曲线可由参数 1610 设定，有直线型（图 1-45）、指数型和铃型（图 1-49），其加、减速时间常数 T_C 由参数 1620 设定。

图 1-49　切削进给速度的加减速曲线

a）指数型加减速曲线　b）铃型加减速曲线

3. 进给速度的钳制

CNC 系统可以对最大切削进给速度进行钳制，防止切削进给速度过大。

1) 参数 1422 设定的是合成的最大切削进给速度。
2) 参数 1430 设定的是各轴的最大切削进给速度。

4. 暂停指令（G04）

暂停指令的用法见表 1-7。

表 1-7 暂停指令的用法

指令格式	暂停单位	指令值范围	备 注
G04 X_;	s	0.001～99999.999	允许小数点指定时间
G04 U_;	s	0.001～99999.999	允许小数点指定时间
G04 P_;	ms（0.001s）	1～99999999	不允许小数点指定时间

说明：

1) 参数 3405 的第 1 位（DEL）可对每转进给方式（G99）设定按转数暂停。
2) 暂停指令可用于转角、切槽槽底和镗孔孔底处，保证转角、槽底或孔底的加工精度。

1.6.5 主轴速度功能指令

1. 主轴速度的代码指定与直接指定

主轴速度指令由地址符"S"加后面的数值指定，有代码指定与直接指定两种，常用的为后者。

指令格式：S_;

2. 恒表面切削速度指令 G96（即恒线速度控制）

指令格式：G96 S_;

其中，S_ 为指令的线速度，单位为 m/min。

说明：

1) 恒表面切削速度即恒线速度。在切削过程中保持切削速度恒定，如图 1-50 所示。因此，当切削直径变化时主轴转速会发生变化，如图 1-51 所示。

G96 指令：v=常数
G97 指令：n=常数

图 1-50 G96/G97 指令

假设主轴速度指令为
G96 S150；
则各点的转速分别为
A：n=1193r/min
B：n=795r/min
C：n=682r/min

图 1-51 恒表面切削速度当切削直径变化时主轴转速的变化

2）恒线速度切削有利于提高表面加工质量。

3）恒线速度控制必须与最大主轴转速钳制指令 G50 相配合，以确保安全。

3. 恒表面切削速度取消指令 G97（即恒转速控制）

指令格式：G97 S_;

其中，S_ 为指令的主轴转速，单位为 r/min。

说明：

1）在切削过程中保持主轴转速恒定，如图 1-50 所示。

2）G96 和 G97 为同组的模态指令。

3）数控车床的开机默认设置一般为 G97。

4. 最大主轴转速钳制指令 G50

指令格式：G50 S_;

其中，S_ 为指令恒表面切削速度控制时的最高允许主轴转速，单位为 r/min。

指令动作说明：以图 1-52 所示车端面加工为例。

参考加工程序如下：

图 1-52　G50 指令车端面加工示例

```
G50 S1500;
G96 S100;
  ⋮
G01 X0;
```

说明： 在 G96 控制状态下，若主轴转速大于 G50 S_; 指令中指定的最高转速，则被限制在这个最高转速上，如图 1-52 所示。这个指令对于切断、切端面等具有直径较小部位加工的工件特别有效。

1.6.6　参考点指令

1. 参考点的概念（图 1-53）

机床参考点（第 1 参考点）是机床上的一个特殊固定点。通过返回参考点操作可以方便地确定机床参考点。FANUC 0i 系列的数控车床可以通过参数 1240～1243 设置 4 个参考点。参考点可用于换刀或设定机床坐标系和工件坐标系等。

2. 自动返回参考点指令 G28、返回参考点检查指令 G27（图 1-54）

指令格式：G28 X(U)_ Z(W)_;

　　　　　G27 X(U)_ Z(W)_;

其中，X(U)_、Z(W)_ 为返回参考点时途径的中间点坐标值，坐标值可以是绝对值或增量值。

若写成以下格式表示取消刀补：

G28 X(U)_ Z(W)_ T0000;

G27 X(U)_ Z(W)_ T0000;

图1-53 机床坐标系和参考点

图1-54 返回参考点指令的轨迹

说明：

1）G28指令为自动返回参考点，其返回参考点的作用同手动返回参考点，可用于建立机床坐标系。

2）G27指令仅检查X、Z轴是否返回参考点。若正确，则参考点指示灯点亮；否则，报警。

3）执行G27指令之前，机床必须在通电后返回过一次参考点。而G28指令无此要求。

4）执行完G28或G27指令后，机床继续执行下一条程序段。若要机床停止，必须借助于M00指令。

5）执行返回参考点指令时，必须取消刀具补偿（T××00）。

3. 返回第2、3、4参考点指令（G30）

指令格式：G30 Pn X(U)_ Z(W)_;

其中，n=2、3、4，表示第2、3、4参考点。若省略不写，则表示返回第2参考点。指令的执行过程和动作轨迹与G28相同，仅是返回的参考点位置不同。

1.6.7 刀具偏置（补偿）

1. 刀具偏置概念

刀具偏置与刀具补偿含义相同。刀具偏置可用于补偿实际刀具（非基准刀）与编程的理想刀具（基准刀）的位置偏差，如图1-55所示。

刀具偏置包括几何偏置G和磨损偏置W两种，前者常用于控制刀具几何形状和安装位置的不同而造成刀位点的偏差，后者多用于补偿刀具磨损后的偏差。刀具总的偏置量等于几何偏置与磨损偏置的代数和。参见图1-55。

FANUC 0i系列数控系统的外偏置中的几何偏置值和磨损偏置值分别存储，同时调用，如图1-56所示（图中的外形偏置即为几何偏置）。

图1-55 刀具偏置的概念

G_X、G_Z—刀具X和Z轴的几何偏置

W_X、W_Z—刀具X和Z轴的磨损偏置

ΔX、ΔZ—刀具X和Z轴的总偏置

图1-56 刀具偏置设置界面

a) 几何偏置 b) 磨损偏置

刀具偏置方法分为绝对偏置与相对偏置两种。

绝对偏置是将处于机床参考点位置的刀具向某一固定点偏置,其偏置矢量是机床参考点处刀具刀位点指向固定点矢量,其X和Z轴分矢量便是存入图1-56所示的刀具偏置存储器的值。以图1-57为例,返回机床参考点时T0101刀具刀位点指向工件端面中心O_w绝对偏置矢量为T_1,其分矢量分别为T_{1x}和T_{1z},这两个分矢量实际上是O_w点相对于刀位点的坐标值Z_1和X_1(直径编程),若将分矢量T_{1x}和T_{1z}事先存入NO.01几何偏置存储器中,执行T0101偏置生效,再执行G01 X0 Z0,则刀具实际到达的位置为点O_w。依据机床坐标值Z_2、X_2和Z_3、X_3自然可求得T0202和T0303刀具的偏置矢量。绝对偏置常用于数控车床设置工件坐标系。

图1-57 绝对偏置

⚙ 注意

绝对偏置建立工件坐标系,每次使用刀具时必须调用刀具补偿,用完刀具后尽量取消刀具补偿。

相对偏置一般先确定一把基准刀(又称标准刀),并以其刀位点为基准点建立工件坐标系,然后将其他刀具(又称非标准刀)处于工作位置时的刀位点向基准刀基准点偏置,其偏置矢量为非标准刀刀位点指向基准刀基准点的有向矢量。相对偏置常用于以基准刀用

G50 或 G54～G59 建立工件坐标系时,非标准刀偏离基准刀的位置补偿。以图 1-58 为例,以 T01 号刀为标准刀,并用 G50 建立工件坐标系时,T02 和 T03 相对于 T01 刀位置偏差采用相对位置偏置矢量 T_2 和 T_3 进行补偿。

> **注意**
>
> 相对偏置时,标准刀的刀具几何偏置必须设置为 0。每次使用非标准刀具时必须调用刀具补偿,使用完成后必须取消刀具偏置。

图 1-58　G50 多刀加工工件坐标系设置示意图

a) 标准刀 G50 建立工件坐标系　b) 相对偏置标准刀矢量放大图

2. 刀具偏置指定——T 指令

数控车床的刀具偏置没有专门的 G 指令,而是由刀具 T 指令指定,详见 1.4.3 及图 1-59。

图 1-59　刀具几何偏置界面

说明:

1)刀具几何偏置参数与刀具磨损偏置参数分别在不同的偏置存储器中,按下部的 [外形] 或 [磨损] 软键可进行切换,内容排列基本相同。

2）第 1 列为偏置号，G 表示外形（几何），W 表示磨损。

3）第 2、3 列分别为刀具位置（X 和 Z 轴）偏置参数。

4）第 4、5 列分别为刀尖圆弧半径补偿参数。

5）每一行对应一个偏置号的一组偏置参数。

6）T 指令中同一把刀具可以分别调用不同的偏置号。

3. 刀具外形偏置动作分析

（1）刀具外形偏置动作　分析偏置动作用到偏置矢量的概念。<u>偏置矢量是指由 T 指令后两位数字指定的偏置号内存储的偏置矢量分量 X 和 Z 构成的有向距离。</u>

刀具外形偏置动作分为刀具外形偏置（几何偏置）和刀具磨损偏置两部分。刀具的偏置动作可以用刀具移动进行偏置或坐标系偏移进行偏置，由参数 5002 设定。FANUC 0i 系统一般设置为磨损偏置用刀具移动进行偏置，几何偏置设置为坐标系偏移进行偏置，如图 1-60 所示。

刀具移动进行偏置是在每个编程程序段的终点位置加上或减去与 T 代码指定的偏置号对应的偏置矢量的距离，如图 1-60a 所示。

坐标系偏移偏置是将编程起点的坐标位置加上或减去 T 代码指定的偏置矢量，变更为偏置后的坐标值。偏置过程仅变更坐标值，不移动刀具。然后系统以变更后的坐标值从刀具的当前位置移动刀具，如图 1-60b 所示，这个变化只在数控系统中进行（在显示器上可以看到这种变化）。

刀具外形偏置过程一般包括启动偏置、偏置方式移动和取消偏置三部分。

图 1-60　刀具偏置动作轨迹
a）刀具移动偏置轨迹　b）坐标系偏移偏置轨迹

（2）刀具偏置动作图例　图 1-61 为刀具移动偏置的图例，图 1-62 为坐标系偏移偏置的图例，参考程序如下。

图 1-61 参考程序：

```
N1 X50.0 Z100.0 T0202;      02 号刀及 02 号刀补
N2 X200.0;                  偏置状态直线移动
N3 X100.0 Z250.0 T0200;     取消 02 号刀偏置
```

图 1-62 参考程序：

```
N1 X100.0 Z50.0 T0202;      02 号刀及 02 号刀补
N2 Z200.0;                  偏置状态直线移动
N3 X200.0 Z250.0 T0200;     取消偏置
```

图 1-61　刀具移动偏置图例

图 1-62　坐标系偏移偏置图例

1.6.8　刀尖圆弧半径补偿指令（G41/G42/G40）

1. 数控车刀刀位点的概念（图 1-63）

1）刀位点是描述编程轨迹的一个理论点，对于实际的刀具可能是一个虚拟点。

2）为对刀方便，一般选择与刀尖圆弧相切且平行于坐标轴的两直线的交点为刀位点。

3）刀位点与刀尖点的概念是不同的，刀位点是不等于刀尖点的。

4）不同形式的车刀，刀位点是不同的，参见图 1-65。

2. 问题的引出

按图 1-63 所示刀位点编程，在加工锥面或圆弧面时必然存在欠切或过切现象，如图 1-64 所示，造成加工误差，为此必须引入刀尖圆弧半径补偿消除欠切或过切误差。

由图 1-64 中可见，<u>加工等径外圆或垂直端面时不存在误差；加工误差的大小与刀尖圆弧半径有关</u>，对于圆弧半径较小且加工精度要求不高时，可以不考虑半径补偿。

图 1-63　车刀刀尖部分的形状

图 1-64　车削加工的欠 / 过切现象

3. 理论刀尖方向及方向号（图1-65）

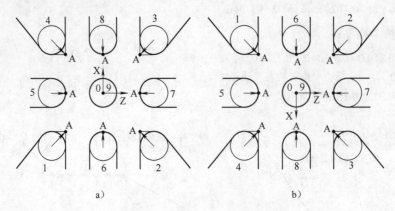

图1-65 理论刀尖方向及方向号
a）后置刀架 b）前置刀架

说明：

1）此处的理论刀尖就是刀位点。

2）数控车削刀尖圆弧半径补偿设置时包含刀尖圆弧半径R及理论刀尖方向号T两个参数，如图1-56所示。

3）不同刀头的理论刀尖位置是不同的，这主要是基于数控车削的对刀特点等而定的。

4）前置刀架与后置刀架的数控车床，若注意到隐含的Y轴位置的变化，其刀位点实质上是相同的。例如3号刀尖均是加工外轮廓的刀具。

5）分析时注意将各种理论刀尖与加工表面进行联系。

4. 刀尖圆弧半径补偿参数及设定

刀尖圆弧半径补偿参数包括刀尖圆弧半径R与理论刀尖方向号T两项，其分别按形状和磨损两部分存储，刀尖圆弧半径总补偿值等于形状补偿值与磨损补偿值的代数和。刀尖圆弧半径补偿参数一般在程序加工之前由操作者通过MDI面板输入，输入界面如图1-56所示。

5. 刀尖圆弧半径补偿指令（G41/G42/G40）

图1-66所示为刀尖圆弧半径补偿指令与编程轨迹之间的关系。

图1-66 G41、G42指令与编程轨迹的关系

说明：

1）刀尖圆弧半径补偿指令共 3 个，编排在 07 组。

2）各指令的功能如下：

G40：刀尖圆弧半径补偿取消；

G41：刀尖圆弧半径左补偿；

G42：刀尖圆弧半径右补偿。

对于数控车削而言，不管是前置刀架或后置刀架型数控车床，其加工外轮廓均为刀尖圆弧半径右补偿 G42，而加工内轮廓均为刀尖圆弧半径左补偿 G41，如图 1-67 所示。

图 1-67　刀尖圆弧半径补偿指令 G41 和 G42 与加工轮廓的应用

a）后置刀架　b）前置刀架

经过刀尖圆弧半径补偿后，可解决图 1-64 呈现的加工误差问题。如图 1-68 所示，刀尖圆弧始终与工件相切，刀心运动轨迹与工件轮廓间的距离始终等于刀尖圆弧半径。

图 1-68　刀尖与工件表面的关系 1

6. 刀尖圆弧半径补偿动作分析

（1）刀尖圆弧半径补偿动作　如图 1-69 所示。

图 1-69　刀尖与工件表面的关系 2

1) 刀尖圆弧半径补偿动作包括启动偏置、偏置方式移动和取消偏置三个动作。

2) 启动偏置与取消偏置必须在 G00 或 G01 程序段中进行。

（2）刀尖圆弧半径补偿动作轨迹分析　刀尖圆弧半径中心偏置矢量是一个长度等于 T 代码指定的偏置值的一个两维矢量，其方向按一定规则确定，具体由系统确定，图中用一个箭头表示，并用字母标识。

1) 启动偏置动作轨迹如图 1-70 所示。

图 1-70　启动偏置动作轨迹

a) $\alpha \geqslant 180°$　b) $90° \leqslant \alpha < 180°$　c) $\alpha < 90°$

分析：图 1-70b、c 所示情况，启动偏置程序段的编程终点一般要在零件加工轮廓起点的延长线上，否则可能出现过切现象。

2) 偏置方式动作轨迹如图 1-71 所示，此时可看成是启动偏置指令的模态保持状态。

3) 取消偏置动作轨迹如图 1-72 所示。

第1章 数控车床基础知识

图1-71 偏置方式动作轨迹
a) $\alpha \geqslant 180°$ b) $90° \leqslant \alpha < 180°$ c) $\alpha < 90°$

图 1-72 取消偏置动作轨迹

a) α≥180° b) 90°≤α<180° c) α<90°

分析：图 1-72b、c 所示情况取消偏置程序段的编程终点一般要在零件加工轮廓终点的延长线上，否则可能出现过切现象。

1.6.9 子程序及子程序调用指令（M98/M99）

1. 主程序与子程序（图 1-73）

图 1-73 主程序和子程序

说明：

1）主程序以 M30 或 M02 结束。

2）子程序通过主程序用 M98 调用，用 M99 结束返回主程序。

2. 子程序调用

指令格式：M98　P△△△　○○○○

> **注意**
>
> 当不指定调用次数时，则只调用一次。

3. 子程序嵌套

当主程序调用子程序时，被当作一级子程序调用，其还可以调用子程序，这称为子程序嵌套。FANUC 0i Mate-TC 系统的子程序调用最多可嵌套 4 级，如图 1-74 所示。

图 1-74　子程序嵌套

4. 子程序调用示例（图 1-75）

图 1-75　子程序调用示例

1.6.10　跳过任选程序段

1. 程序段跳选的概念及注意事项

跳过任选程序段符号是一个斜杠"/"符号，其与机床操作面板上的程序段跳过开关（有的简称跳选按钮）配合实现部分程序段的跳过执行。

> **注意**
>
> 1）跳选程序段符号"/"必须在程序段的开头指定。如果斜杠放在其他位置，从斜杠到 EOB 代码（;）前面的信息将被忽略。
> 2）跳过任选程序段在"自动"工作方式下有效。
> 3）程序段跳选功能可用于程序的调试等。

2. 应用示例

示例1：图1-76所示，程序执行过程为

1）释放跳选按钮，自动执行程序时为 N5 → N10 → N15 → N20 →…→ Nn。

2）按下跳选按钮，自动执行程序时为 N5 → N10 → N20 →…→ Nn。

示例2：图1-77所示，程序执行过程为

1）按下跳选按钮，自动执行程序时，程序跳过N1040程序段，并N1020 → N1030 → N1050 无限循环。

2）释放跳选按钮，自动执行程序时，程序执行到N1040程序段并停止运行。

3）该程序可用于考机运行。

程序示例：
N5 G54 G98 G21;
N10 S800 M03;
/N15 G00 X100.0 Z100.0 F100;
N20 …;
⋮
Nn M30;

a)   b)

图1-76　程序跳选示例1

a) 程序示例　b) [跳选] 按钮

程序示例：
N1010…;
N1020…;
N1030…;
/N1040 M02;
N1050 M99 P1020;

a)   b)

图1-77　程序跳选示例2

a) 程序示例　b) [跳选] 按钮

1.7 数控车削固定循环指令图解与分析

1.7.1 简单固定循环指令

1. 外/内侧回转面车削固定循环指令（G90）

（1）圆柱面车削固定循环指令　以轴向切削为主，如图1-78所示。

图1-78　圆柱面车削固定循环

指令格式：G90 X(U)_ Z(W)_ F_;

其中，X_、Z_为圆柱面切削终点C的绝对坐标值；U_、W_为圆柱面切削终点C相对于循

环起点 A 的增量坐标值；F_ 为切削加工进给速度。

图 1-78 说明：

1）虚线表示快速移动，用（R）表示，其动作相当于 G00 指令。实线表示按指令中的 F 指定的速度切削进给，用（F）表示，其动作相当于 G01 指令。

2）在 [自动] 工作方式下，刀具的动作循环可为：1（R）→ 2（F）→ 3（F）→ 4（R）。

3）在 [单段] 运行方式下，每按一次 循环启动 按钮，机床仅完成以上四个动作返回起点 A。

4）C 点的坐标在 A 点左上角时为内圆柱孔加工。

（2）外 / 内圆锥车削固定循环　是圆柱车削固定循环指令的拓展，如图 1-79 所示。

指令格式：G90 X(U)_ Z(W)_ R_ F_；

其中，X_、Z_ 为圆锥面切削终点 C 的绝对坐标值；U_、W_ 为圆锥面切削终点 C 相对于循环起点 A 的增量坐标值；F_ 为切削加工进给速度；R_ 为圆锥面的切削始点 B 与切削终点 C 的半径差，且 $|R| \leq |U/2|$。

图 1-79　外 / 内圆锥车削固定循环 1
a）外圆锥面　b）内圆锥孔

图 1-79 说明：

1）虚线表示快速移动，用（R）表示，其动作相当于 G00 指令。实线表示按指令中的 F 指定的速度切削进给，用（F）表示，其动作相当于 G01 指令。

2）在 [自动] 工作方式下，刀具的动作循环可为：1（R）→ 2（F）→ 3（F）→ 4（R）。

3）在 [单段] 运行方式下，每按一次 循环启动 按钮，机床仅完成以上四个动作返回起点 A。

4）C 点的坐标在 A 点左上角时为内锥孔加工。

若采取增量值编程，地址 U、W 和 R 后的数值符号与刀具轨迹之间的关系如图 1-80 所示。

图 1-80　外 / 内圆锥车削固定循环 2
a）加工外圆正锥（U<0，W<0，R<0）　b）加工内圆正锥（U>0，W<0，R>0）

图 1-80 外/内圆锥车削固定循环 2（续）

c）加工外圆倒锥（U<0，W<0，R>0 且 |R|≤|U/2|）　d）加工内圆倒锥（U>0，W<0，R<0 且 |R|≤|U/2|）

2. 螺纹车削固定循环（G92）

（1）圆柱螺纹车削固定循环　以轴向切削为主，如图 1-81 所示。

指令格式：G92 X(U)_ Z(W)_ F_；

其中，X_、Z_ 为圆柱螺纹切削终点 C 的绝对坐标值；U_、W_ 为圆柱面切削终点 C 相对于循环起点 A 的增量坐标值；F_ 为螺纹导程。

图 1-81　圆柱螺纹车削固定循环

图 1-81 说明：

1）刀具的 4 个动作循环意义同上。

2）螺纹收尾可处理成倒角的形式，如图 1-81 中右下角的放大图。

3）倒角距离 r 在（0.1～12.7）L 之间指定，由参数 5130 设定，最小指定单位为 0.1L，倒角角度在 1°～89°范围内由参数 5131 设定。

4）G92 指令与 G32 指令加工螺纹的动作基本相同，只是将 4 个动作合并为一个指令。

（2）圆锥螺纹车削固定循环　是圆柱螺纹车削固定循环指令的拓展，如图 1-82 所示。

指令格式：G90 X(U)_ Z(W)_ R_ F_；

其中，X_、Z_ 为圆锥螺纹切削终点 C 的绝对坐标值；U_、W_ 为圆锥面切削终点 C 相对于循环起点 A 的增量坐标值；F 为螺纹导程；R 的含义与 G90 相同，即圆锥面的切削始点 B 与切削终点 C 的半径差，且 |R|≤|U/2|。

图 1-82 圆锥螺纹车削固定循环

图 1-82 说明：

1）刀具的四个动作循环意义同上。

2）螺纹收尾可处理成倒角的形式，如图 1-82 中右下角的放大图。

3）倒角距离 r 在（0.1～12.7）L 之间指定，由参数 5130 设定，最小指定单位为 0.1L。倒角角度在 1°～89°范围内由参数 5131 设定。

4）G92 指令与 G32 指令加工螺纹的动作基本相同，只是将 4 个动作合并为一个指令。

3. 端面车削固定循环指令（G94）

（1）平端面车削固定循环　以径向切削为主，如图 1-83 所示。

指令格式：G94 X(U)_ Z(W)_ F_；

图 1-83 平端面车削固定循环

其中，X_、Z_ 为切削终点 C 的绝对坐标值；U_、W_ 为切削终点 C 相对于循环起点 A 的增量坐标值；F 为切削加工进给速度。

（2）锥端面车削固定循环　是平端面车削固定循环指令的拓展，如图 1-84 所示。

图 1-84 锥端面车削固定循环 1

指令格式：G94 X(U)_ Z(W)_ R_ F_；

其中，X_、Z_ 为切削终点 C 的绝对坐标值；U_、W_ 为切削终点 C 相对于循环起点 A 的增

量坐标值；F 为切削加工进给速度；R 为切削始点 B 与切削终点 C 在 Z 方向的长度差，且 $|R| \leq |W|$。

同圆柱面固定循环一样，若采取增量值编程，地址 U、W 和 R 后的数值符号与刀具轨迹之间的关系如图 1-85 所示。图中分四种情况描述。图 1-85a 和图 1-85c 为加工外锥端面的情形。图 1-85b 和图 1-85d 为加工内锥端面（内锥孔）的情形。

图 1-85　锥端面车削固定循环 2

a) U<0，W<0，R<0　b) U>0，W<0，R<0
c) U<0，W<0，R>0 且 $|R| \leq |W|$　d) U>0，W<0，R<0 且 $|R| \leq |W|$

4. 简单固定循环指令应用时的注意事项

1）固定循环指令 G90、G92 和 G94 是同组（01组）模态指令，可简化编程，参考程序如下，刀具轨迹如图 1-86 所示。

```
  ⋮
N030 G90 U–8.0 W–66.0 F0.4;
N031 U–16.0;
N032 U–24.0;
N033 U–32.0;
  ⋮
```

图 1-86　简单固定循环指令举例

2）圆柱毛坯、圆柱工件编程指令的处理（图 1-87）：当工件的长径比较大时，选择 G90 指令，等厚度分层进行加工，指令格式为 G90 X(U)_ Z(W)_ F_;，编程时仅需改变 X(U)_ 值即可。当工件的长径比较小时，选择 G94 指令，等厚度分层进行加工，指令格式为 G94 X(U)_ Z(W)_ F_;，编程时仅需改变 Z(U)_ 值即可。

图 1-87 圆柱毛坯、圆柱工件编程指令的处理
a) 长径比较大 b) 长径比较小

3) 圆柱毛坯、圆锥工件且长径比较大时编程指令的处理：图 1-88a 为 G90 指令圆锥车削固定循环，等厚度分层加工，指令格式为 G90 X(U)_ Z(W)_ R_ F_；，编程时仅需改变 X(U)_ 值即可。这种加工方式前面几层切削时空行程较多。图 1-88b 所示刀路为 G90 指令圆锥车削固定循环，等厚度分层加工的改进，指令格式仍为 G90 X(U)_ Z(W)_ R_ F_；，但为了减少空刀而将初始几刀改变了终点坐标，增加了编程计算工作量。图 1-88c 所示是等厚度圆柱 + 变厚度圆锥切削组合加工，即首先运用 G90 指令圆柱车削固定循环加工，然后改为 G90 指令变厚度圆锥车削固定循环，其圆锥切削编程时必须合理分配锥度参数 R_。图 1-88d 所示是变厚度 + 等厚度圆锥切削组合加工，即首先运用 G90 指令变厚度圆锥车削固定循环加工，然后改为 G90 指令等厚度圆锥车削固定循环，其锥度参数的改变放在前期。

图 1-88 圆柱毛坯、圆锥工件且长径比较大时编程指令的处理
a) 等厚度分层加工 b) 缩减空刀等厚度分层加工 c) 等厚度圆柱 + 变厚度圆锥切削 d) 变厚度 + 等厚度圆锥切削

4）圆柱毛坯、圆锥工件且长径比较小时编程指令的处理：其处理思想与图 1-88 类似。图 1-89 仅列出刀路，其编程特点请读者自行分析。

图 1-89　圆柱毛坯、圆锥工件且长径比较小时编程指令的处理
a）等厚度分层加工　b）缩减空刀等厚度分层加工
c）等厚度平端面 + 变厚度锥端面切削　d）变厚度 + 等厚度锥端面切削

1.7.2　复合固定循环指令

复合固定循环指令有 G70 ～ G76 七个，这里主要介绍以下五个。

1. 外圆粗车循环指令（G71）

（1）指令格式与动作分析　G71 编程指令格式如下，指令加工过程的动作循环简图如图 1-90 所示。

G71 U(Δd) R(e);
G71 P(ns) Q(nf) U(Δu) W(Δw) F(f) S(s) T(t);
N(ns)…;
⋮
F_ ;
S_ ;
T_ ;
N(nf)…;

从顺序号 ns 到 nf 的程序段，用于指定 A → A' → B 的运动指令，也是精车加工形状的程序段，这段指令一般紧接着 G71 指令编写，描述零件表面的轮廓形状

其中，Δd 为背吃刀量（半径指定），不带正、负号的数，切削方向由 A → A′ 方向决定，该值是模态的，即直到指定其他值以前一直有效，其值可以由参数 5132 设定，参数可由程序指令改变；e 为退刀量，该值是模态的，直到其他值指定前不会改变，其值可以由参数 5133 设定，也可由程序指令指定；ns 为精车加工程序第一个程序段的顺序号；nf 为精车加工程序最后一个程序段的顺序号；Δu 为 X 方向精加工余量（双面余量）的距离和方向；Δw 为 Z 方向精加工余量的距离和方向；f、s、t 为 G71 指令粗车循环过程中的 F、S 或 T 功能，包含在 ns 到 nf 程序段中的任何 F、S 或 T 功能在循环中将被忽略。

图 1-90　G71 指令的动作循环简图

说明：

1）G71 指令适合加工长径比较大的轴类零件。

2）零件的 X 轴数值沿 Z 的方向必须单向递增或递减。如图 1-91 所示，有四种切削方式，各种切削方式 Δu 和 Δw 的符号在图 1-90 中已有描述。

在图 1-91 中，上面两图为加工外形表面的运动轨迹，下面两图为加工内形表面的运动轨迹。

3）A 和 A′ 之间的刀具轨迹是在顺序号为 "ns" 的程序段中指定的 G00 或 G01 指令，该程序段不能进行 Z 轴的移动，如果需要的话，必须另起一个程序段指定。当 A 和 A′ 之间的刀具轨迹用 G00 或 G01 编程时，沿 AA′ 的切削是在 G00 或 G01 方式下完成的，一般以 G00 为好，可提高加工效率。

4）C 点的坐标，G71 指令中没有直接给出具体坐标值，数控系统根据 A′ 和 B 点坐标值、Δu、Δw 和 Δd 自动计算并确定其坐标值。

5）外圆粗车加工循环由带有地址 P 和 Q 的 G71 指令实现。在 ns 至 nf 程序段指令中指定的 F、S 和 T 功能无效。但是，在 G71 程序段或前面程序段中（当 G71 指令中未指定 F、S 和 T 时）指定的 F、S 和 T 功能有效。

当用恒表面切削速度控制时，在 ns 至 nf 程序段指令中指定的 G96 或 G97 无效，而在 G71 程序段或以前的程序段中指定的 G96 或 G97 有效。

6）顺序号 "ns" 和 "nf" 之间的程序段不能调用子程序。

（2）加工示例　以图 1-92 所示图形为例。已知条件：毛坯外圆 ϕ40mm，工件坐标系建在零件右端面中心，采用 T0101 号车刀，主轴转速为 600r/min，进给速度为 0.3mm/r，端面进给速度为 0.2mm/r，起刀点坐标为（200，100），循环起始点坐标为（42，2），背吃刀量为2.0mm，退刀量为1.0mm，X方向的精加工余量为0.5mm，Z方向的精加工余量为0.25mm。加工程序如下。

图1-91　G71的四种切削方式

图1-92　G71指令加工示例零件图

参考程序：

O0193	程序名
N10 G50 X200. Z100.;	建立工件坐标系
N20 T0101 S600 M03;	选择01号刀，调用01号刀补，主轴正转，转速为600r/min
N30 G00 X42. Z2. M08;	快速移动到循环起始点，切削液开
N40 G71 U2. R1.;	G71固定循环指令开始
N50 G71 P60 Q170 U0.5 W0.25 F0.3	设置固定循环起、止段号及参数
N60 G00 X0 F0.2;	轮廓加工起始行（注：不得有Z轴移动指令Z(W)_）
N70 G01 Z0;	加工端面
N80 X6.;	加工端面
N90 X10. Z–2.;	加工倒角
N100 Z–12.;	加工ϕ10mm外圆
N110 G02 X18. Z–16. R4.;	加工R4mm圆弧
N120 G01 X20.;	加工ϕ20mm端面
N130 Z–21.;	加工ϕ20mm外圆
N140 G03 X30. Z–26. R5.;	加工R5mm圆弧
N150 G01 Z–35.;	加工ϕ30mm外圆
N160 X35. Z–40.;	加工倒角
N170 X40. M09;	加工ϕ40mm端面，轮廓加工结束，切削液关
N180 G00 X200.0 Z100.0;	快速退回起刀点
N190 T0100;	取消01号刀补
N200 M30;	程序结束

2. 端面粗车循环指令（G72）

G72编程指令格式如下，指令加工过程的动作循环简图如图1-93所示。

G72 W(Δd) R(e);
G72 P(ns) Q(nf) U(Δu) W(Δw) F(f) S(s) T(t);
N(ns)…;
⋮
F_;
S_;
T_;
N(nf)…;

从顺序号 ns 到 nf 的程序段，用于指定 $A \rightarrow A' \rightarrow B$ 的运动指令，也是精车加工形状的程序段，这段指令一般紧接着 G72 指令编写，描述零件表面的轮廓形状

其中，Δd 为背吃刀量，不带正、负号的数，切削方向由 $A \rightarrow A'$ 方向决定，该值是模态的，即直到指定其他值以前一直有效，其值可以由参数 5132 设定，参数可由程序指令改变；e 为退刀量，该值是模态的，直到其他值指定前不会改变，其值可以由参数 5133 设定，也可由程序指令指定；ns 为精车加工程序第一个程序段的顺序号；nf 为精车加工程序最后一个程序段的顺序号；Δu 为 X 方向精加工余量（双面余量）的距离和方向；Δw 为 Z 方向精加工余量的距离和方向；f、s、t 为 G72 指令的粗车循环过程中的 F、S 或 T 功能，包含在 ns 到 nf 程序段中的任何 F、S 或 T 功能在循环中将被忽略。

由上述介绍可以看出，G72 除进给运动方向是与 X 轴平行外，其他参数的含义与 G71 基本相同。

说明：

1）G72 指令适合加工长径比较小的盘类零件。

2）零件的 Z 轴数值沿 X 的方向必须单向递增或递减。如图 1-94 所示，有四种切削方式，上面两图为加工外形表面的运动轨迹，下面两图为加工内形表面的运动轨迹。

3）A 和 A' 之间的刀具轨迹是在顺序号为"ns"的程序段中指定的 G00 或 G01 指令，该程序段不能进行 X 轴的移动，其余同 G71 循环。

4）C 点的坐标由系统自动计算，同 G71 循环。

5）G72 指令中指定的 F、S 和 T 功能及 G96/G97 的有效性同 G71 指令。

6）顺序号"ns"和"nf"之间的程序段不能调用子程序，同 G71 指令。

图 1-93　G72 指令加工过程的动作循环简图

图 1-94　G72 的四种切削方式

3. 关于 G71 与 G72 指令粗车循环类型的讨论

（1）粗车循环 G71 与 G72 指令的循环类型　以上介绍的 G71 与 G72 粗车循环指令是 FANUC 0i Mate-TC 车削系统的指令，G71/G72 指令的"X/Z 轴数值沿 Z/X 的方向必须单向递增或递减"的要求约束了该指令的应用范围。而在 FANUC 0i TC 车削系统及其后续的 FANUC 0i TD 车削系统中，则可减少该约束条件。

以 G71 指令为例，FANUC 0i TC 车削系统的粗车加工循环有类型Ⅰ和类型Ⅱ两种。

类型Ⅰ：X 轴数值沿 Z 的移动方向必须单调递增或递减。

类型Ⅱ：仅需 Z 轴的移动方向必须单调递增或递减。

显然，类型Ⅰ即相当于 FANUC 0i Mate-TC 的粗车循环；而类型Ⅱ则可表述为在 Z 轴的移动方向单调递增或递减的条件下，X 轴数值允许非单调递增或递减（最多允许 10 个凹槽）。

（2）粗车循环 G71 与 G72 指令循环类型的指定方法　系统通过循环指令中精车形状程序的开头程序段 ns 的指令格式来选择类型Ⅰ和类型Ⅱ。以下以 G71 指令为例，其指令格式见表 1-8。

表 1-8　FANUC 0i Mate-TC 车削系统 G71 指令循环类型的指定方法

类　型　Ⅰ	类　型　Ⅱ
G71 U(Δd) R(e); G71 P(ns) Q(nf) U(Δu) W(Δw)…; N(ns) G00/G01 X(U)__ ；（指定类型Ⅰ） ⋮ N(nf)…;	G71 U(Δd) R(e); G71 P(ns) Q(nf) U(Δu) W(Δw)…; N(ns) G00/G01 X(U)__ Z(W)__ ；（指定类型Ⅱ） ⋮ N(nf)…;

从表 1-8 可见，类型Ⅰ的指令格式与 FANUC 0i Mate-TC 的粗车循环相同，其 N(ns) 程序段不得有 Z 轴的移动指令；而类型Ⅱ的指令格式必须指定 X(U) 和 Z(W) 两个轴移动指令，即使 Z 轴不出现实际的移动也必须指定（如指定 W0）。

（3）G71 指令的粗车循环类型Ⅱ的切削路径　如图 1-95 所示，其精车形状描述（ms → nf）仍然为 A → A′ → B，粗车轮廓形状仍然是精车形状留出精车余量 Δu/2 和 Δw 后的形状，但注意其执行 Z 轴方向切削后并未立即退刀，而基本是沿着形状切削，因此，也就不需要类型Ⅰ的最后沿粗车轮廓切削一刀的轨迹。

图 1-95　G71 指令粗车循环类型Ⅱ的切削路径

（4）G71 指令的粗车循环类型 Ⅱ 与类型 Ⅰ 相比的差异分析　主要体现在以下几点。

1) 需要在顺序号 ns 的程序段中指定两个轴（X(U)、Z(W) 轴）的移动指令，即使 Z 轴没有实际移动，也必须指定 Z 轴移动指令（如指定 W0）。

2) Z 轴方向必须单调变化，而 X 轴方向允许非单调增加或减少，即可加工凹槽。

3) A' 起点的零件初始形状可以不是 Z 轴方向，即可以从凹槽处直接切入。

4) Z 轴方向切削后，刀具先沿着工件轮廓形状切削退刀（径向尺寸为背吃刀量 Δd），然后径向空刀退刀量（退刀量 e），如图 1-96 所示。若刀具切削完槽底时，前端沿轮廓切削退刀不变，但空刀退刀方向为 45°，如图 1-97 所示。

图 1-96　沿着工件轮廓切削退刀　　　图 1-97　槽底切出沿 45°方向退刀

5) 精车轮廓形状中与 Z 轴平行的程序段被视为槽底。

6) 在粗车循环过程中，槽孔凹陷部分按 Z 轴的变化方向逐个顺序切除。

7) 槽孔粗车结束后的详细动作如图 1-98 所示（仅 FANUC 0i TD 车削系统）。图中 g 为 G71 和 G72 指令中的至切削进给起始点的空程量，由系统参数 5134 设定。

图 1-98　槽孔粗车结束后的详细动作

图 1-99 为某粗车循环类型 Ⅱ 刀具轨迹示例，其包含以上 7 条。

图 1-99　粗车循环类型 Ⅱ 刀具轨迹示例

4. 型面粗车循环指令（G73）

G73 编程指令格式如下，指令加工过程的动作循环简图如图 1-100 所示。

G73 U(Δi) W(Δk) R(d);

G73 P(ns) Q(nf) U(Δu) W(Δw) F(f) S(s) T(t);

N(ns)…;
⋮
F_;
S_;
T_;
N(nf)…;

从顺序号 ns 到 nf 的程序段，用于指定 $A \rightarrow A' \rightarrow B$ 的运动指令，也是轮廓加工形状的程序段，这段指令一般紧接着 G72 指令编写，描述零件表面的轮廓形状

其中，Δi 为 X 轴方向退刀量的距离和方向（半径指定），其实质是 X 轴方向的总加工余量，该值是模态的，其值可由参数 5135 指定或由程序指令改变；Δk 为 Z 轴方向退刀量的距离和方向，其实质是 Z 轴方向的总加工余量，该值是模态的，其值可由参数 5136 指定或由程序指令改变；d 为分割数，即粗车循环次数，该值是模态的，可由参数 5137 指定或由程序指令改变；ns 为精车加工程序第一个程序段的顺序号；nf 为精车加工程序最后一个程序段的顺序号；Δu 为在 X 轴方向的精加工余量（双面余量）的距离和方向；Δw 为在 Z 轴方向的精加工余量的距离和方向；f、s、t 为 G73 指令的粗车循环过程中的 F、S 或 T 功能，包含在 ns 到 nf 程序段中的任何 F、S 或 T 功能在循环中将被忽略。

图 1-100　G73 指令加工过程的动作循环简图

说明（可参照 G71 说明对照阅读）：

1）G73 指令适合加工毛坯采取铸造、锻造等方法制造的外形近似于工件精加工后形状的零件。

2）Δi、Δz 和 d 之间是有一定联系的，切削次数 d 越多，则每一次循环切削的背吃刀量就越小。

3）零件的 X 轴沿 Z 轴方向不必单调递增或递减。有四种切削方式，如图 1-101 所示，各种切削方式的 Δu 和 Δw 的符号在图 1-100 中已有描述。

图 1-101 中，上面两图为加工外形表面的运动轨迹，下面两图为加工内形表面的运动轨迹。

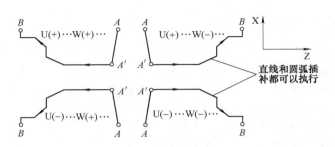

图1-101 G73的四种切削方式

4)A和A'之间的刀具轨迹是在顺序号为"ns"的程序段中指定的G00或G01指令,G73指令允许该程序段同时有X和Z轴移动指令。当A和A'之间的刀具轨迹用G00或G01编程时,沿AA'的切削是在G00或G01方式下完成的,一般以G00为好,可提高加工效率。

5)C点和D点的坐标,G73指令中没有直接给出具体坐标值,数控系统根据A点坐标值Δu、Δw和Δi、Δk自动计算并确定其坐标值。

6)型面粗车加工循环由带有地址P和Q的G73指令实现。在ns至nf程序段指令中指定的F、S和T功能无效。但是,在G73程序段或前面程序段中(当G73指令中未指定F、S和T时)指定的F、S和T功能有效。

当用恒表面切削速度控制时,在ns至nf程序段指令中指定的G96或G97无效,而在G73程序段或以前的程序段中指定的G96或G97有效。

7)顺序号"ns"和"nf"之间的程序段不能调用子程序。

5. 精车循环指令(G70)

G70指令是专门设计与G71/G72/G73指令配合进行精加工的指令。在这三个粗加工循环指令的nf程序段后接一个G70指令,即可按ns→nf的程序段切出G71/G72/G73三指令留下的精加工余量,进行零件的精车加工。

(1)指令格式及说明 编程格式如下:

G70 P(ns) Q(nf);

其中,ns为精加工程序第一个程序段的顺序号;nf为精加工程序最后一个程序段的顺序号。

说明:

1)精加工指令中的ns和nf已在相应的粗加工循环指令中写出,这里要与其呼应。

2)在G71、G72、G73程序段中规定的F、S和T功能无效,但在执行G70时顺序号"ns"和"nf"之间指定的F、S和T有效。

3)G70到G73中ns到nf间的程序段不能调用子程序。

4)G70循环指令运行结束后,系统执行G70程序段的下一个程序段。

5)G70循环指令的动作循环是,在G71/G72/G73指令结束后,刀具移动至循环起始点A,精车循环指令的动作是$A → A' → B → A$,其中$A' → B$段为精加工切削动作,其余为相当于G00的快速运动。

(2)加工示例 以下列举两例进行介绍。

1)加工示例1:将图1-92所示零件的加工程序增加G70指令改造成为外圆粗、精车固定循环加工程序。改造后的程序如下：

```
O1931                          程序名
N10 G50 X200. Z100.;           建立工件坐标系
N20 T0101 S600 M03;            选择 01 号刀，调用 01 号刀补，主轴正转，转速为 600r/min
N30 G00 X42. Z2. M08;          快速移动到循环起始点，切削液开
N40 G71 U2. R1.;               G71 固定循环指令开始
N50 G71 P60 Q170 U0.5 W0.25 F0.3;  指定固定循环起、止段并设置循环参数
N60 G00 X0 F0.2 F0.15 S1000;   轮廓加工起始行
N70 G01 Z0;                    加工端面
N80 X6.;                       加工端面
N90 X10. Z-2.;                 加工倒角
N100 Z-12.;                    加工 φ10mm 外圆
N110 G02 X18. Z-16. R4.;       加工 R4mm 圆弧
N120 G01 X20.;                 加工 φ20mm 端面
N130 Z-21.;                    加工 φ20mm 外圆
N140 G03 X30. Z-26. R5.;       加工 R5mm 圆弧
N150 G01 Z-35.;                加工 φ30mm 外圆
N160 X35. Z-40.;               加工倒角
N170 X40. M09;                 加工 φ40mm 端面，轮廓加工结束，切削液关
N180 G70 P60 Q170;             轮廓精车，主轴转速和进给量按 N60 程序段执行
N190 G00 X200. Z100.;          快速退回起刀点
N200 T0100;                    取消 01 号刀补
N210 M30;                      程序结束
```

2）加工示例 2：G73 与 G70 配合的加工示例，如图 1-102 所示。已知条件：模锻件毛坯，X 和 Z 轴方向的单面精加工余量均为 0.5mm，工件坐标系建在零件右端面中心，采用 T0101 号车刀，主轴转速为 800r/min，进给速度为 150mm/min，起刀点坐标为（300，150），循环起始点坐标为（220，50），X 方向的加工余量为 10mm，Z 方向的加工余量为 4mm，X 方向的精加工余量为 0.4mm，Z 方向的精加工余量为 0.2mm。参考程序如下：

图 1-102　G73 与 G70 配合的加工示例零件图

O1103	程序名
N10 G50 X300. Z150.;	建立工件坐标系
N20 T0101 S800 M03;	选择 01 号刀，调用 01 号刀补，主轴正转，转速为 800r/min
N30 G97 G98;	恒转速加工，指定走刀方式为每分钟进给（mm/min）
N40 G00 X195. Z0 M08;	快速定位至切削端面的起点，切削液开
N50 G01 X0 F150;	切削端面
N60 G00 X220. Z50.;	快速移动到循环起始点
N70 G73 U10. W4. R5;	G73 固定循环指令开始，循环切削 5 刀
N80 G73 P90 Q150 U0.4 W0.2 F150;	循环程序段 N90～N150
N90 G00 X80. Z1. F100 S1200;	精车轮廓 ns 程序段，快速定位
N100 G01 Z–20.;	加工 ϕ80mm 外圆
N110 X120. Z–30.;	加工锥面
N120 Z–50.;	加工 ϕ120mm 外圆
N130 G02 X160. Z–70. R20.;	加工 R20mm 圆弧
N140 G01 X180. Z–80.;	加工锥面
N150 Z–120.;	精车轮廓 nf 段，加工 ϕ180mm 外圆
N160 G70 P90 Q150;	轮廓精车，主轴转速和进给量按 N90 程序段执行
N170 G00 X300. Z150.;	快速退回起刀点位置
N180 T0100;	取消 01 号刀补
N190 M30;	程序结束

6. 螺纹车削重复循环指令（G76）

FANUC 0i Mate-TC 系统共提供了三个螺纹加工指令。前面已经介绍了两个螺纹加工指令——G32 和 G92，这里介绍第三个螺纹加工指令——螺纹车削重复循环指令 G76。

G76 指令的切削方式采取的是单侧刃切入加工的方法，如图 1-103 所示。

图 1-103 单侧刃切入加工方法

说明：

1）单侧切入，最后一刀双刃切削。

2）为保证每一次的切削面积 A_c 不变，第 n 次的切入量等于第一次切入量 Δd 的 $\sqrt{n}$ 倍，即 $\Delta d_n = \sqrt{n}\Delta d$。

3）除第一次背吃刀量外，其余各次背吃刀量及切削次数 n 由系统自动计算。

G76 指令的编程格式：

G76 P(m)(r)(a) Q(Δd_{min}) R(d);

G76 X(U)_ Z(W)_ R(i) P(k) Q(Δd) F(L);

其中，m 为重复次数（1～99），其值是模态的，可用参数 5142 设定，也可由程序指令改变；r 为螺纹尾部倒角量，由两位数（00～99）指定，当螺纹导程由 L 表示时，数据单位为 0.1L，倒角量可以设定在 0.0～9.9L，该值是模态的，可用参数 5130 设定，也可由程序指令改变，倒角方向为 45°；a 为刀尖角度，可以选择 80°、60°、55°、30°、29° 和 0° 六种中的一种，由 2 位数规定，其值是模态的，可用参数 5130 设定，也可由程序指令改变；Δd_{min} 为最小背吃刀量，单位为 μm，由 X 轴方向的半径值编程指定，当一次循环运行的背吃刀量（$\Delta d\sqrt{n} - \Delta d\sqrt{n-1}$）小于 Δd_{min} 时，背吃刀量钳制在此值，其值是模态的，可用参数 5140 设定，也可由程序指令改变；d 为精加工余量，单位为 μm，由 X 轴方向的半径值编程指定，其值是模态的，可用参数 5141 设定，也可由程序指令改变；X(U)、Z(W) 为螺纹切削终点的绝对（增量）坐标值，其中 X_ 相当于螺纹的小径；i 为锥度螺纹半径差，由 X 轴方向的半径值编程指定，如果 i=0，则表示为圆柱螺纹，可省略；k 为螺纹牙高（X 轴方向的高度），单位为 μm，由 X 轴方向的半径值编程指定，螺纹的牙高可按经验公式 k=0.6495P 计算（P 为螺距）；Δd 为第一刀背吃刀量，单位为 μm，由 X 轴方向的半径值编程指定；L 为螺纹导程（指 Z 轴方向的螺纹导程）。

m、r 和 a 三个参数用地址 P 同时指定，例当 m=2、r=1.2L、a=60°，指定如下（L 是螺纹导程）：$P\left(\dfrac{m}{02}\right)\left(\dfrac{r}{12}\right)\left(\dfrac{a}{60}\right)$。

说明：

1）地址 P、Q 和 R 指定取决于指令中 X(U) 和 Z(W) 存在与否，如仅有 Z(W) 表示圆柱螺纹，i=0，因此 P(i) 可以不写。

2）G76 指令固定循环加工共有 4 种对称的进刀图形，如图 1-104 所示。说明如下：

①图 1-104a、c 为切削外螺纹，图 1-104b、d 为切削内螺纹。

②U、W 的符号由刀具轨迹 AC 和 CD 的方向决定；R 的符号由刀具轨迹 AC 的方向决定；P 和 Q 的符号总是正值（+）。

3）B（C）和 D 之间的进给速度由地址 F 指定，而其他轨迹则是快速移动。

4）螺纹切削的注意事项与 G32 和 G92 基本相同。

5）倒角值对于 G92 螺纹切削循环也有效。

G76 指令动作循环分析如图 1-105 所示。

1）循环动作可描述为 1（R）→ 2（F）→ 3（R）→ 4（R）。

2）B（C）点是一个理想位置点，刀尖到达的实际点与切削循环的刀数有关，A→B（C）轨迹实际上是一条折线。

3）切削运动轨迹 B（C）→D 简称为 C→D 轨迹，也是随循环参数 r（螺纹尾部倒角量）的设置不同而变化的。

4）动作 D→E→A 是快速退刀动作，其轨迹是两段直线运动。

G76 指令加工示例（图 1-106）。

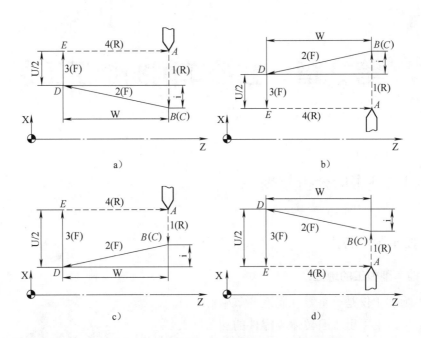

图 1-104　G76 螺纹切削重复循环的 4 种进刀图形

a) U<0，W<0，i<0　b) U>0，W<0，i>0
c) U<0，W<0，i>0 且 |i|≤|U/2|　d) U>0，W<0，i<0 且 |i|≤|U/2|

图 1-105　G76 指令动作循环分析　　图 1-106　G76 指令加工示例

```
O1102;
N10 T0303;
N20 G97 S400 M03;
N30 G00 X32.0 Z4.0 M08;
N40 G76 P010060 Q100 R100;
N50 G76 X27.4 Z–27.0 R0 P1300 Q450 F2.0;
N60 G00 X200.0 Z100.0 M09;
N70 T0300 M05;
N80 M30;
```

第 2 章 数控车削的加工工艺

2.1 加工顺序的分析与确定

2.1.1 数控车削的特点

1. 数控车削加工的地位

数控车削加工仅是一个零件制造环节中的一环,如图 2-1 所示,主要用于回转体类零件的加工,其加工类型如下:

1) 精度要求高的回转体零件。
2) 轮廓形状特别复杂的回转体零件。
3) 表面质量要求高的回转体零件。
4) 带特殊螺纹的回转体零件。

2. 数控车削加工的特点

图 2-1 数控车削加工的地位

1) 加工精度高,通用性好,多件加工的复制性和一致性好。
2) 加工能力强,适于多品种、小批量零件的加工。
3) 具有较高的生产效率和较低的生产成本。
4) 易于建立计算机通信网络,适应于现代生产模式。

3. 数控车削加工的公差等级和表面粗糙度值

数控车削加工可分为粗车、半精车和精车等加工阶段。其对应的公差等级和表面粗糙度值见表 2-1。

表 2-1 数控车削加工的公差等级和表面粗糙度值

加 工 阶 段	公 差 等 级	表面粗糙度 $Ra/\mu m$
粗车	IT11～IT12	12.5～25
半精车	IT9～IT10	3.2～6.4
精车	IT7～IT8	0.8～1.6

2.1.2 加工方案的分析与确定

数控车削加工方案的确定,必须考虑零件的加工精度、表面粗糙度、结构形状和生产类型等。

1. 外圆加工

外圆车削加工的加工精度如下：

1）加工精度为IT12～IT13，表面粗糙度值为Ra6.3～12.5μm的外轮廓表面，可以一次车削实现。

2）加工精度为IT11，表面粗糙度值为Ra6.3～12.5μm的外轮廓表面，零件较长时可采用粗车—半精车实现；零件较短时，可以一次车削实现。

3）加工精度为IT8～IT10，表面粗糙度值为Ra3.2～6.3μm的外轮廓表面，可采取粗车—半精车的方法实现。

4）加工精度为IT6～IT8，表面粗糙度值为Ra1.6～3.2μm的外轮廓表面，可采取粗车—半精车—精车的方法实现。

5）加工精度为IT5～IT6，表面粗糙度值为Ra0.8～1.6μm的外轮廓表面，可采取粗车—半精车—精车—细车的方法实现。

6）加工精度高于IT5，表面粗糙度值为Ra0.4～0.8μm的外轮廓表面，建议最后一道工序转用磨削加工。

7）对于淬火钢等难加工材料，可考虑淬火前粗车—半精车的方法，淬火后磨削的加工方法。

8）对于有色金属，如铝合金，采用金刚石车刀精细车，其加工精度可达IT5，表面粗糙度值可达Ra0.8μm。

2. 内孔加工

内孔加工难度稍大于外圆加工，因此，精度和表面粗糙度一般相差一级。具体为：

1）加工精度为IT12～IT13，表面粗糙度值为Ra12.5～50μm的内孔表面，可一次钻孔获得。

2）加工精度为IT11，表面粗糙度值为Ra12.5～25μm的内孔表面，可采取钻孔—扩孔（或粗车孔）的方法获得。

3）加工精度为IT8～IT10，表面粗糙度值为Ra6.3～12.5μm的内孔表面，可采取钻孔—粗车孔—半精车孔的方法获得。

4）加工精度为IT6～IT8，表面粗糙度值为Ra1.6～6.3μm的内孔表面，可采取粗车—半精车—精车的方法实现。

5）对于淬火钢等难加工材料，可考虑淬火前粗车—半精车的方法，淬火后采取磨削的方法。

6）对于有色金属，如铝合金，采用金刚石车刀精细车，其加工精度可达IT5，表面粗糙度值可达Ra0.8μm。

7）孔径较小、不便加工的内孔表面，可采取钻孔—铰孔或钻孔—扩孔—铰孔的方法获得。

3. 端面加工

端面加工的经济精度与表面粗糙度稍低于外圆加工。

2.1.3 工序划分的原则与方法

1. 工序划分的原则

（1）工序集中原则　适合于工序较少，单件、小批量生产的零件。

（2）工序分散原则　适合于工序较多，结构复杂，有一定批量生产的零件。工序分散时划分工序的原则是：

1）先基准面后其他表面。

2）先粗加工后精加工。

3）先主要表面后次要表面。

2. 数控车削加工工序的划分方法

（1）按安装次数划分工序　以每一次装夹作为一道工序，适用于加工内容不多的零件加工。

（2）按加工部位划分工序　按零件的结构特点分成几个加工部位，每一部位作为一道工序。

（3）按所用刀具划分工序　即按所用刀具或同类刀具划分工序，适用于工件切削过程中变形不大、退刀空间足够大的情况。此时可着重考虑加工效率、减少换刀时间和尽可能缩短走刀路径。

（4）按粗、精加工划分工序　适用于易变形或精度要求较高，或有一定生产批量的零件加工。

2.1.4 工序划分的注意事项

1）选择适合在数控车床上加工的零件或工序内容。

2）数控车削加工工序与上、下道工序的联系不能出现相互干扰的现象。

3）尽可能按刀具划分工序，提高工作效率。

4）在同一次安装过程中，应先进行对工件刚性影响较小的工序加工。

5）先加工孔后加工外表面。

6）应考虑工件坐标系、对刀点、换刀点及刀具路径。

2.2　加工路线的分析与确定

2.2.1 加工路径的划分原则

（1）先近后远　这里说的近和远，是按加工部位相对于对刀点的距离大小而言的。一般情况下，特别是粗加工时，通常安排离对刀点近的部位先加工，离对刀点远的部位后加工，以便缩短刀具的移动距离，减少空行程时间。

（2）先内后外　对于既有内表面（孔）又有外表面需要加工的零件，应先进行内孔加工，后进行外圆表面的加工。

（3）精加工余量尽可能均匀　粗加工的目的是去除材料，为精加工做准备，粗加工所留下的精加工余量越均匀，精加工的走刀数就越少和越精确，甚至只需一刀即可完成精车。

（4）走刀路径最短　走刀路径的确定是数控编程的重要工作之一，其主要在于确定粗加工及空行程的走刀路径，精加工的走刀路径基本上没有太多的变化。数控编程时，在保证加工质量的前提下，应尽可能使刀具路径最短，以节省程序执行时间，减少机床及功率的消耗。

（5）程序段最少　程序段是数控程序执行时的基本单位，程序段的减少有利于简化整个加工程序，这对手动编程尤为重要。程序段少，则程序编写方便，检查容易，输入快捷。合理地使用固定循环指令和子程序编程对减少程序段有极大的帮助。

（6）避免在一次走刀过程中出现切削力方向的突变　对于存在间隙的传动丝杠，由于切削力方向的突变造成的危害是显而易见的。数控机床的传动丝杠虽然一般不存在间隙，但传动系统的刚性相对较弱，切削力造成的变形和突变同样会在加工表面上留下痕迹。另外，切削力的突变较大时可能打坏刀具。

（7）避免在加工表面上出现刀具路径的转折　若在工件表面上出现刀具路线的转折突变，有可能在零件表面上留下刀痕。

2.2.2　加工路径的划分图例

下面通过一些图例，介绍和分析数控加工刀具路径的确定方法，供参考，见表2-2。

表2-2　加工路径图例

序号	图例	分析与说明
1	a) G73编程　b) G90编程　c) G71编程	先粗后精加工，不同的编程指令其粗加工的走刀路径不同，其分别对应G73、G90和G71等
2	(ϕ40, ϕ38$_{-0.1}^{0}$, ϕ36$_{-0.1}^{0}$, ϕ34$_{-0.1}^{0}$，对刀点)	先近后远原则，其加工顺序为ϕ34mm→ϕ36mm→ϕ38mm圆柱面
3	a) 起（退）刀点与换刀点重合　b) 增加一个起（退）刀点	走刀路径最短原则 图a起（退）刀点与换刀点（对刀点）重合，空行程较多 图b增加了一个起（退）刀点B，空行程可大大减少

(续)

序号	图例	分析与说明
4	a）单向走刀　b）双向走刀　c）刀具受力分析　d）出现扎刀现象	刀具路径的选择对切削力方向变化的影响 图 a 和图 b 表明两种走刀路径 图 c 为刀具上的受力分析 图 d 说明按照图 a 的刀具路径走过最高点后切削力 F_x 的方向发生了变化而出现扎刀现象
5	a）等背吃刀量加工　b）变背吃刀量加工	精加工余量尽可能均匀 图 a 为等背吃刀量粗切，加工后留下的余量不均匀 图 b 为变背吃刀量粗切，可灵活调整背吃刀量，加工后留下的余量较均匀
6	a）变厚度车锥法　b）等厚度车锥法	车锥面的两种推荐轨迹 图 a 为变厚度车锥法。行程稍短 图 b 为等厚度车锥法 在用 G90 固定循环加工时，图 a 只需改变半径差 R 即可，而图 b 则需改变 X 值
7	a）车锥度法逼近球面　b）逐层车球面	半球圆弧面粗车路线 图 a 采取车锥度法逼近球面，简化了编程，但精加工余量均匀性略差 图 b 直接逐层车球面，虽然精车余量均匀，但空行程较多
8		圆球面车削路径。粗车路径为折线，简化编程。精车路径可用左、右偏刀分别从两边向中间车球面或选择合适副偏角的车刀一刀车出整个球面。前者可能在球面上留下接痕
9	a）车外圆　b）左偏刀车外圆　c）右偏刀车外圆　d）车内部外圆　e）车槽	切削表面（外表面）、刀具和切削路径的关系

（续）

序号	图例	分析与说明
10	a) 车内孔 b) 车不通孔 c) 车台阶孔 d) 车内沟槽	切削表面（内表面）、刀具和切削路径的关系
11	a) 车端面（45°偏刀） b) 车端面（外至内） c) 车端面（内至外） d) 车端面（右偏刀）	切削表面（端面）、刀具和切削路径的关系
12	a) 球面切线切入 b) 倒角切线切入	球面和倒角部分精车路径的处理。切向切入可防止加工面上刀具路径的突变，提高表面质量
13	a) 好 b) 不好	切端面与刀具路径结合的处理。图a切完端面后退刀至倒角延长线上起刀，切除的倒角表面质量较好；图b的动作②刀具易磨损
14	a) 切断与倒角组合 b) 精车、倒角与切断组合	切断与倒角的处理 图a为切断与倒角组合，刀具路径为切槽①→倒角②→切断③ 图b为精车、倒角与切断组合，刀具路径为精车端面和外圆①→切槽②→倒角③→切断④。要注意刀具的选择，保证能够精车外圆
15	a) 刀位点距离轴线有一小段距离 b) 刀位点刚好切至轴线 c) 刀位点切过轴线	切断终点的处理有三种方式 1）切断刀刀位点距离轴线一小段距离，见图a。当距离足够小时，工件自然断裂。适用于需要后续切端面的场合 2）切断刀刀位点刚好切至轴线，见图b。实际上工件已先切下，但毛坯端面仍留下一个小点（因为刀尖圆角的关系） 3）切断刀刀位点切过轴线，保证切点刚好至轴线，见图c。毛坯端面质量好，但很难控制，且一旦过了中点容易使刀尖崩刃 本分析同样适用于切端面

(续)

序号	图例	分析与说明
16	 a) G75+G01 切槽　　b) G01 切浅槽 c) G75 粗车 +G01 两边精切槽	切槽刀具路径 图 a 若只用 G75 切槽，则槽底部表面质量差，加入 G01 轮廓精车后表面质量得到改善 图 b 只用 G01 切槽，适用于浅槽加工，表面质量较好 图 c 先用 G75 切槽，然后从两边用 G01 轮廓精车，其中一条精车轨迹必须转折并精车槽底

2.3 工件的装夹方式分析与确定

1. 装夹的概念

零件安装的具体内容包括零件的定位和夹紧，又称零件的装夹。定位是保证零件在机床上有一个准确的位置，夹紧是保证零件处于定位状态，不因切削力、重力、离心力等外力而偏离原来的位置。

2. 常见的装夹方式

（1）自定心卡盘装夹　自定心卡盘的外形结构如图 2-2 所示，其相关说明如下：

1）自定心卡盘具有自定心与夹紧两项功能。

2）自定心卡盘可用于外圆和内孔表面的装夹。

3）自定心卡盘的卡爪一般经过淬火处理，精加工时，常采用铜皮包裹零件表面装夹，批量较大且精度较高时可以采用专用软爪装夹。

图 2-2　自定心卡盘

4）大批量生产时可采用液压动力卡盘装夹，如图 2-3 所示。

图 2-3　液压动力卡盘装夹示例
a) 回转缸与卡盘实物图　b) 动力卡盘系统构成
1—动力卡盘　2—拉杆　3—回转缸　4—液压泵站

（2）单动卡盘装夹　单动卡盘的外形结构如图 2-4 所示，其相关说明如下：

1）单动卡盘上各个卡爪是独立操作的，不具有自定心功能。

2）单动卡盘可用于不规则、不对称、非圆形零件的装夹。

3）加工过程中一般通过找正装夹。

（3）借助于顶尖的装夹

1）顶尖结构如图 2-5 所示，其定位部分是一种具有 60°锥角的圆锥体，其工件上对应的定位面是锥面（中心孔等）。顶尖的形式有固定顶尖、回转顶尖、伞形顶尖（定位部分为锥面）等。

图 2-4　单动卡盘

　　a)　　　　　　b)　　　　　c)　　　　　d)　　　　　e)

图 2-5　顶尖结构

a）固定顶尖　b）回转顶尖　c）伞形顶尖　d）内拨顶尖　e）端面拨动顶尖

2）应用顶尖的装夹方式，如图 2-6 所示，其相关说明如下：

① 自定心卡盘 - 尾顶尖装夹，见图 2-6a。适合于较长的工件加工，这里以自定心卡盘装夹为主，尾顶尖为辅。借用尾顶尖可有效提高工艺系统的刚性。

② 双顶尖对顶装夹，见图 2-6b、c。双顶尖对顶装夹也是细长轴类零件常见的装夹方式之一，特别是后续还需磨削的工件。主轴端顶尖可以装在自定心卡盘上或是车床主轴上。一般通过拨杆（俗称鸡心夹头）拨动工件旋转。这种装夹方式的外圆与轴线的同轴度较好。

图 2-6　应用顶尖的装夹方式

a）自定心卡盘 - 尾顶尖装夹　b）、c）双顶尖对顶装夹

（4）套类零件装夹　除可以用自定心卡盘直接装夹外，还常常采用心轴装夹和顶尖装夹，如图 2-7 所示。

图 2-7a 为较长套类零件的装夹，采用心轴装夹，心轴用双顶尖对顶装夹。

图 2-7b 为较短套类零件的装夹，采用弹性心轴装夹，定位与夹紧合一。心轴装夹可较

好地保证内孔与外圆的同轴度要求。

图2-7c所示为双顶尖装夹，左边为内拨顶尖（又称梅花顶尖），右边为伞形顶尖。该装夹结构简单，装夹方便，适用于套类零件且内表面已经加工后的表面，可较好地保证内、外圆的同轴度。

图2-7 心轴装夹

a) 双顶尖对顶装夹　b) 弹性心轴装夹　c) 双顶尖装夹

3. 工艺基准与装夹方案的表达

1) 工艺基准的概念　工艺基准为工艺过程中采用的基准，包括工序基准、定位基准、测量基准和装配基准。

2) 工艺基准与装夹方案的表达　为规范工艺基准的图示与表达，尽可能按照GB/T 24740—2009《技术产品文件 机械加工定位、夹紧符号表示法》要求描述，表2-3摘录了部分数控加工过程中可能用到的定位支承与夹紧符号以及常见装置符号，供参考。

表2-3 数控加工常用定位支承与夹紧符号以及常见装置符号（GB/T 24740—2009摘录）

类　型		符号及名称			
定位支承符号	标注在视图轮廓线上	∧	∧	∧	∧3
	标注在视图正面	⊙	⊙	⊙	⊙3
	符号名称	固定式定位支承	活动式定位支承	辅助支承	限制自由度表达
夹紧符号	标注在视图轮廓线上	●	Y	Q	D
	标注在视图正面	●	Y	Q	D
	符号名称	手动夹紧	液压夹紧	气动夹紧	电磁夹紧

(续)

类型		符号及名称						
顶尖符号	符号	<	Σ	<	<<	<	Σ	<
	名称	固定顶尖	内顶尖	回转顶尖	浮动顶尖	内拨顶尖	外拨顶尖	伞形顶尖
心轴符号	符号	○	→	↻		～		▷
	名称	圆柱心轴		螺纹心轴		弹性心轴或弹簧夹头		锥度心轴
常见装置符号	符号	△	△	△	⊐	⊏		
	名称	自定心卡盘	软爪	单动卡盘	圆柱衬套	螺纹衬套		拨杆
	符号	□	⌐	⊔	∨	⧖		◺
	名称	垫铁	压板	平口钳	V形铁（块）	可调支承		角铁

表 2-4 列举了部分常见数控车削装夹组合表达方式，供参考。

表 2-4　数控车削加工部分常见装夹方案示例与分析

（续）

示 例	图示符号表达	说 明
4）细长轴类工件和管件顶尖装夹	a) b) c) d) e) f)	长轴工件加工刚性是主要矛盾，常通过预钻中心孔定位装夹。图 a 所示为经典的双顶尖装夹示例。其夹紧符号表示能传递转矩 图 b 所示为自定心卡盘装夹，图 c 所示为拨杆传递转矩，图 d 所示为外拨顶尖传递转矩。右端的顶尖可考虑固定顶尖、浮动顶尖和回转顶尖的方案 图 e 所示为管件双顶尖装夹示例，其与图 f 的差异是利用管件内孔倒角模拟中心孔，同时顶尖形式变化为内拨顶尖定位并传力，另一端伞形顶尖
5）心轴内孔装夹	a) b) c) d)	基于空心管件内孔定位也是实际中常见的装夹方法。图 a 所示为其基本的定位夹紧方法表述 图 b 所示为长圆柱心轴定位，心轴端面螺母夹紧示例。图 c 所示为弹性可胀长心轴装夹，可消除图 b 圆柱心轴间隙的定位误差。图 d 所示为小锥度心轴定位夹紧方案，其加工的外圆柱面与内孔的同轴度精度最高
6）盘类零件装夹	a) b) c) d)	短回转体又称盘类零件，一般以端面定位为主，内孔或外圆定位为辅。图 a 所示为典型装夹方案。图 b 为可胀心轴径向定心并夹紧，图 c 所示为圆柱心轴端面气动夹紧装夹，若无内孔可用时可用外圆柱面自定心定位与夹紧的装夹方案

2.4 数控车削刀具的结构分析与选择

2.4.1 车床刀具的结构类型

1. 按结构分

车床刀具常见的结构有整体式、焊接式及机夹可转位式，如图 2-8 所示。数控车削加工广泛采用机夹可转位车刀。

图 2-8 车床刀具的结构
a）整体式 b）焊接式 c）机夹可转位式

2. 按加工表面的特征分

机夹可转位车刀按加工面的特征不同可分为外圆与端面、内孔、切断与切槽和螺纹四种类型，如图2-9所示。

图2-9　机夹可转位车刀的类型

a）外圆与端面　b）内孔　c）切断与切槽　d）螺纹

2.4.2　机夹可转位车刀

1. 机夹可转位车刀的概念

机夹可转位车刀的刀片是用机械夹固的方法夹紧在刀体上，其刀片具有多个切削刃，当某一个切削刃磨钝后，可更换另一个新切削刃进行加工，所有切削刃磨钝后更换新的刀片，更换下来的刀片一般不重磨。

2. 机夹可转位车刀刀片的夹固方式

机夹可转位车刀刀片的夹固方式主要有压板压紧式、复合压紧式、杠杆压紧式、螺钉压紧式和双重夹紧式。

（1）压板压紧夹固方式　采用螺钉-压板夹固的方式夹紧刀片，如图2-10所示。

（2）复合压紧夹固方式　所谓复合压紧是指用两种或两种以上的夹紧方式夹固刀片，如图2-11所示。其中，图2-11a、b所示为外圆和内孔的螺钉+压块复合夹紧夹固方式，这里锁销2的作用有两个，一是压紧刀垫，二是利用上部的圆柱销固定刀片，并承受一定的横向力，且在压块的作用下夹紧刀片；图2-11c、d所示为销+楔块复合夹紧夹固方式，两者仅销的紧固方式不同，这里，销8的作用与图2-11a、b中的锁销2的效果基本相同。

（3）杠杆压紧夹固方式　采用杠杆原理夹紧刀片，如图2-12所示。

图2-10 压板压紧夹固方式

a)外圆车刀压板夹紧 b)夹紧组件 c)、d)、e)切断与切槽刀

1—刀垫 2—刀垫螺钉 3—刀垫螺钉扳手 4—夹紧组件 5—螺钉 6、11—压块 7—压板 8—钩
9—弹簧 10—销 12—夹紧螺钉 13—扳手 14—刀片扳手

图2-11 复合压紧夹固方式

a)、b)螺钉+压块复合夹紧夹固 c)、d)销+楔块复合夹紧夹固

1、7—刀垫 2—锁销 3—扳手 4—压板 5—夹紧螺钉 6、10—螺钉 8—销 9—夹紧组件

图2-12 杠杆压紧夹固方式

a)外圆车刀 b)内孔车刀

1—杠杆 2—刀垫 3—刀垫销 4—刀垫销冲子 5—扳手 6—螺钉

（4）螺钉压紧夹固方式　采用螺钉压紧的方式夹紧刀片，如图2-13所示。其中，图2-13a、b分别为螺钉压紧式外圆与内孔车刀的刀片夹固方式，图中刀片螺钉扳手4是扭矩扳手，必须配套使用；图2-13c为切断与切槽车刀的螺钉压紧方式；图2-13d为内孔切槽车刀的螺钉压紧方式。

图2-13　螺钉压紧夹固方式
a）外圆车刀　b）内孔车刀　c）切断与切槽车刀　d）内孔切槽车刀
1—刀垫　2—刀垫螺钉　3—刀垫螺钉扳手　4—刀片螺钉扳手　5—刀片螺钉　6—扳手　7—压紧螺钉

（5）双重夹紧夹固方式　其压板除具有压板夹紧式的顶面夹紧力外，同时还借助刀片孔与刀体斜面产生横向夹紧力，使得刀片的装夹可靠性极高。图2-14所示为某双重夹紧夹固方式示例，刀垫2通过刀垫螺钉4固定在刀杆1上，压板5前端凸台嵌入刀片6的固定孔中，压板后部斜面与刀杆上相应斜面接触，在夹紧螺钉7向下拧紧的过程中，压板产生一个向后的拉力，使得刀片顶面夹紧的同时，产生一个横向向后的拉力，确保刀片两个侧立面可靠的定位夹紧。图2-14a中右上角为其夹紧符号，右下框出部分为双重夹紧的工作原理。图2-14b所示为其变型设计，其刀垫借用了图2-12所示夹紧机构中的刀垫固定方式。这种设计结构简单，通用性好，成本较低。

图2-14　双重夹紧夹固方式
a）刀垫螺钉型　b）弹性刀垫销型
1—刀杆　2—刀垫　3—弹簧　4—刀垫螺钉　5—压板　6—刀片　7—夹紧螺钉　8—刀垫销

2.4.3 可转位刀片型号表示规则

GB/T 2076—2021《切削刀具用可转位刀片 型号表示规则》修改采用了 ISO 国际标准，其编号规则见表 2-5。

表 2-5 切削刀具用可转位刀片 型号表示规则（GB/T2076—2021）摘录

号 位	示 例	表示特征	代 号 说 明								
1	T	刀片形状	用字母代号表示，例如 T 表示正三角形								
2	P	刀片法后角	A	B	C	D	E	F	G	N	P	O
			3°	5°	7°	15°	20°	25°	30°	0°	11°	特殊
3	G	刀片的极限偏差等级	用字母代号表示三个主要刀片参数（d、m、s）的极限偏差，例如 G 表示 $d=\pm(0.08\sim0.25)$ mm，$m=\pm(0.13\sim0.38)$ mm，$s=0.13$mm								
4	N	夹固形式及有无断屑槽	用字母代号表示，例如 N 表示无固定孔及无断屑槽								
5	16	刀片边长	用数字代号表示，例如 16 表示刀片边长省略小数部分后为 16mm								
6	03	刀片厚度	用数字代号表示，例如 03 表示刀片厚度省略小数部分后为 3mm（不足两位数字前加 0）								
7	08	刀尖角形状	用数字代号表示，例如 08 表示刀尖圆角为 0.8mm（不足两位数字前加 0，00 表示尖角）								
8	E	切削刃截面形状	用字母代号表示，为可选代号，例如 E 表示倒圆切削刃								
9	N	切削方向	用字母代号表示，为可选代号，有右切、左切及双向三种，例如 N 表示双向切削方式								
13	…	制造商代号或符合 GB/T2075 规定的切削材料表示代号										

注：1. 可转位刀片一般用 9 个代号表示刀片的尺寸及其他特性，第 1～7 号位是必需的，第 8 和 9 号在需要时添加。
2. 第 10～12 号位为镶片式刀片的附加代号，表中未列出。

2.4.4 机夹式车刀的结构类型和特点

机夹可转位车刀的国家标准有《可转位车刀及刀夹 第 1 部分：型号表示规则》（GB/T5343.1—2007）和《可转位车刀及刀夹 第 2 部分：可转位车刀型式尺寸和技术条件》（GB/T5343.2—2007）两项标准，将可转位外圆和端面车刀、仿形车刀的型号用一组给定意义的字母和数字表示。型号共有 10 个号位，前 9 个号位是必须使用的，第 10 号位仅用于符合标准规定的精密车刀。

国内市场上有许多国外厂家的车刀并没有完全采用我们国家的标准，因此选用时可参阅相关厂家的产品样本进行查阅。以下列举部分结构类型供参考。

1. 外圆和端面车刀的结构类型与特点

图 2-15 所示为复合压紧式外圆和端面可转位车刀的类型与切削面。复合压紧式车刀能承受较大的切削负荷和冲击，适用于重负荷、断续车削和粗加工等。

图 2-16 所示为螺钉压紧式外圆和端面可转位车刀的类型与切削面。螺钉压紧式车刀结构简单，切屑流动比较通畅，适用于轻载加工的精加工场合。

图 2-15　复合压紧式外圆和端面可转位车刀的类型与切削面

图 2-16　螺钉压紧式外圆和端面可转位车刀的类型与切削面

除上面介绍的复合压紧和螺钉压紧方式外，还有杠杆式、压板式等，这里就不赘述了。

2. 内孔车刀的结构类型与特点

内孔车刀又称镗刀。图 2-17 列举了部分内孔可转位车刀的类型与切削面，供参考，要详细了解可查阅相关产品的刀具样本。

图 2-17　内孔可转位车刀的类型与切削面

3. 切断与切槽车刀的结构类型与特点

图 2-18 所示为切断与切槽可转位车刀的类型与切削面。

图 2-18　切断与切槽可转位车刀的类型与切削面

图 2-18　切断与切槽可转位车刀的类型与切削面（续）

4. 螺纹车刀的结构类型与特点

图 2-19 所示为可转位螺纹车刀的类型与切削方式。

图 2-19　可转位螺纹车刀的类型与切削方式

2.5　数控车削切削用量的选择

切削用量又称切削用量三要素，包括切削速度 v_c、进给量 f 和背吃刀量 a_p。

1. 选择原则

切削用量的大小对加工质量、刀具磨损、切削功率和加工成本等均有显著影响。数控加工中对切削用量的选择原则是,在保证加工质量和刀具寿命的前提下,充分发挥机床性能和刀具切削性能,使切削效率最高,加工成本最低。

1) 粗加工时,首先选取尽可能大的背吃刀量;其次根据机床动力和刚性等的限制条件,选取尽可能大的进给量;最后根据刀具寿命确定最佳的切削速度。

2) 精加工时,首先根据粗加工后的余量确定背吃刀量,一般尽可能一刀完成;其次根据加工表面的表面粗糙度要求,选取较小的进给量;最后在保证刀具寿命的前提下,尽可能选取较高的切削速度。

2. 选择方法

(1) 背吃刀量的选择　根据工件的加工余量,在留下精加工和半精加工余量后,在机床动力足够、工艺系统刚性好的情况下,粗加工应尽可能将剩余的余量一次切除,以减少进刀次数。如果工件余量过大或机床动力不足而不能将粗加工余量一次切除时,也应将第一、二次进给的背吃刀量尽可能取得大一些。另外,当冲击负荷较大(如断续切削)或工艺系统刚性较差时,应适当减小背吃刀量。

(2) 进给量和进给速度的选择　进给量(或进给速度)是数控车削加工中的重要加工参数,主要根据零件的加工精度和表面粗糙度要求以及刀具和工件材料来选择。粗加工时,对加工表面质量要求不高,进给量(或进给速度)可以选择得大一些,以提高生产效率。而半精加工及精加工时,表面质量要求高,因此进给量(或进给速度)应选择得小一些。

最大进给速度受机床刚性和进给系统性能等限制。一般数控机床进给速度是连续可调的,并可在加工过程中通过机床操作面板上的进给速度倍率开关在一定范围内进行人工修调。

(3) 切削速度的选择　切削速度对刀具寿命的影响最大,选择时主要考虑刀具和工件材料以及切削加工的经济性,必须保证刀具的经济使用寿命。同时切削负荷不能超过机床的额定功率。在选择切削速度时还应考虑以下因素:

1) 要注意避开生成积屑瘤的速度范围,精加工速度应该适当提高。

2) 加工带硬皮的工件或断续切削的工件时,为减小冲击和热应力,应适当降低切削速度。

3) 加工大件、细长件时,应适当降低切削速度,提高刀具寿命,保证一刀能够将工件表面加工完成,避免中途换刀。

车削加工常用转速来表示切削速度的快慢,主轴转速和切削速度的关系如下:

$$n = \frac{1000 v_c}{\pi d}$$

式中　n——主轴转速(r/min);

　　　v_c——切削速度,约等于切削点处的线速度(m/min);

　　　d——工件直径(一般取最大切削直径)(mm)。

从上式可见,在保证切削速度不变的情况下,直径越大,转速越低;直径越小,转速越高。这就是为什么在采用恒线速度切削时(G96),一般配合采用 G50 S_;指令钳制最大转速；而切削直径较大的工件时，采用的转速往往较低，但实际上其切削速度并不一定低。

3. 切削用量的选择推荐表

表 2-6 ～表 2-10 列举了部分切削用量选择数据，供编程时参考。

表 2-6 硬质合金刀具切削用量参考值

工件材料	热处理状况	a_p=0.3～2mm f=0.08～0.3mm/r	a_p=2～6mm f=0.3～0.6mm/r	a_p=6～10mm f=0.6～1mm/r
		v_c/（m/min）		
低碳钢 易切钢	热轧	140～180	100～120	70～90
中碳钢	热轧 调质	130～160 100～130	90～110 70～90	60～80 50～70
合金结构钢	热轧 调质	100～130 80～110	70～90 50～70	50～70 40～60
工具钢	退火	90～120	60～80	50～70
灰铸铁	<190HBW =190～225HBW	90～120 80～110	60～80 50～70	50～70 40～60
高锰钢（w_{Mn}=13%）		—	10～20	—
铜及铜合金		300～250	120～180	90～120
铝及铝合金		300～600	200～400	150～200
铸铝合金		100～180	80～150	60～100

注：切削钢及灰铸铁时，刀具寿命为 60min。

表 2-7 数控车床切削用量简表

工件材料	加工方式	背吃刀量 a_p/mm	切削速度 v_c/（m/min）	进给量 f/（mm/r）	刀具材料
碳素钢 R_m>600MPa	粗加工	5～7	60～80	0.2～0.4	YT 类
	粗加工	2～3	80～120	0.2～0.4	
	精加工	0.2～0.3	120～150	0.1～0.2	
	车螺纹	—	70～100	导程	
	钻中心孔	—	500～800r/min	—	W18Cr4V
	钻孔	—	1～30	0.1～0.2	
	切断（宽度<5mm）	—	70～110	0.1～0.2	YT 类
合金钢 R_m=1470MPa	粗加工	2～3	50～80	0.2～0.4	YT 类
	精加工	0.1～0.15	60～100	0.1～0.2	
	切断（宽度<5mm）	—	40～70	0.1～0.2	
铸铁 硬度<200HBW	粗加工	2～3	50～70	0.2～0.4	YG 类
	精加工	0.1～0.15	70～100	0.1～0.2	
	切断（宽度<5mm）	—	50～70	0.1～0.2	

（续）

工件材料	加工方式	背吃刀量 a_p/mm	切削速度 v_c/(m/min)	进给量 f/(mm/r)	刀具材料
铝	粗加工	2～3	600～1000	0.2～0.4	YG 类
铝	精加工	0.2～0.3	800～1200	0.1～0.2	YG 类
铝	切断（宽度<5mm）	—	600～1000	0.1～0.2	YG 类
黄铜	粗加工	2～4	400～500	0.2～0.4	YG 类
黄铜	精加工	0.1～0.15	450～600	0.1～0.2	YG 类
黄铜	切断（宽度<5mm）	—	400～500	0.1～0.2	YG 类

表 2-8　按表面粗糙度选择进给量的参考值

工件材料	表面粗糙度 Ra/μm	切削速度 v_c/(m/min)	刀尖圆弧半径 r_ε/mm		
			0.5	1.0	2.0
			进给量 f/(mm/r)		
铸铁、青铜、铝合金	>5～10	不限	0.25～0.40	0.40～0.50	0.50～0.60
铸铁、青铜、铝合金	>2.5～5	不限	0.15～0.25	0.25～0.40	0.40～0.60
铸铁、青铜、铝合金	>1.25～2.5	不限	0.10～0.15	0.15～0.20	0.20～0.35
碳素钢及合金钢	>5～10	<50	0.30～0.50	0.45～0.60	0.55～0.70
碳素钢及合金钢	>5～10	>50	0.40～0.55	0.55～0.65	0.65～0.70
碳素钢及合金钢	>2.5～5	<50	0.18～0.25	0.25～0.30	0.30～0.40
碳素钢及合金钢	>2.5～5	>50	0.25～0.30	0.30～0.35	0.30～0.50
碳素钢及合金钢	>1.25～2.5	<50	0.10	0.11～0.15	0.15～0.22
碳素钢及合金钢	>1.25～2.5	50～100	0.11～0.16	0.16～0.25	0.25～0.35
碳素钢及合金钢	>1.25～2.5	>100	0.16～0.20	0.20～0.25	0.25～0.35

注：r_ε=0.5mm，12mm×12mm 以下刀杆；r_ε=1.0mm，30mm×30mm 以下刀杆；r_ε=2.0mm，30mm×45mm 以下刀杆。

表 2-9　按刀杆尺寸和工件直径选择进给量的参考值

工件材料	车刀刀杆尺寸 $\dfrac{B}{mm} \times \dfrac{H}{mm}$	工件直径 d_w/mm	背吃刀量 a_p/mm				
			≤3	>3～5	>5～8	>8～12	>12
			进给量 f/(mm/r)				
碳素结构钢、合金结构钢及耐热钢	16×25	20	0.3～0.4	—	—	—	—
碳素结构钢、合金结构钢及耐热钢	16×25	40	0.4～0.5	0.3～0.4	—	—	—
碳素结构钢、合金结构钢及耐热钢	16×25	60	0.6～0.9	0.4～0.6	0.3～0.5	—	—
碳素结构钢、合金结构钢及耐热钢	16×25	100	0.6～0.9	0.5～0.7	0.5～0.6	0.4～0.5	—
碳素结构钢、合金结构钢及耐热钢	16×25	400	0.8～1.2	0.7～1.0	0.6～0.8	0.5～0.6	—
碳素结构钢、合金结构钢及耐热钢	20×30 25×25	20	0.3～0.4	—	—	—	—
碳素结构钢、合金结构钢及耐热钢	20×30 25×25	40	0.4～0.5	0.3～0.4	—	—	—
碳素结构钢、合金结构钢及耐热钢	20×30 25×25	60	0.5～0.7	0.5～0.7	0.4～0.6	—	—
碳素结构钢、合金结构钢及耐热钢	20×30 25×25	100	0.8～1.0	0.7～0.9	0.5～0.7	0.4～0.7	—
碳素结构钢、合金结构钢及耐热钢	20×30 25×25	400	1.2～1.4	1.0～1.2	0.8～1.0	0.6～0.9	0.4～0.6

(续)

工件材料	车刀刀杆尺寸 $\dfrac{B}{\text{mm}} \times \dfrac{H}{\text{mm}}$	工件直径 d_w/mm	背吃刀量 a_p/mm				
			≤3	>3～5	>5～8	>8～12	>12
			进给量 f/（mm/r）				
铸铁及铜合金	16×25	40	0.4～0.5	—	—	—	—
		60	0.5～0.9	0.5～0.8	0.4～0.7	—	—
		100	0.9～1.3	0.8～1.2	0.7～1.0	0.5～0.7	—
		400	1.0～1.4	1.0～1.2	0.8～1.0	0.6～0.8	—
	20×30 25×25	40	0.4～0.5	—	—	—	—
		60	0.5～0.9	0.5～0.8	0.4～0.7	—	—
		100	0.9～1.3	0.8～1.2	0.7～1.0	0.5～0.8	—
		400	1.2～1.8	1.2～1.6	1.0～1.3	0.9～1.1	0.7～0.9

注：1. 加工断续表面及有冲击的工件时，表内进给量应乘以系数 k=0.75～0.85。
　　2. 在小批量生产时，表内进给量应乘以系数 k=1.1。
　　3. 加工耐热钢及合金钢时，进给量≤1mm/r。
　　4. 加工淬硬钢时，进给量应减小，当钢的硬度为 44～56HRC 时乘以系数 k=0.8；当钢的硬度为 57～62HRC 时乘以系数 k=0.3。

表 2-10　切断及切槽的进给量

工件直径/mm	切刀宽度/mm	工件材料	
		碳素结构钢、合金结构钢及钢铸件	铸铁、铜合金及铝合金
		进给量 f/（mm/r）	
≤20	3	0.06～0.08	0.11～0.14
>20～40	3～4	0.10～0.12	0.16～0.19
>40～60	4～5	0.13～0.16	0.20～0.24
>60～100	5～6	0.16～0.23	0.24～0.32
>100～150	8～10	0.18～0.26	0.30～0.40
>150	10～15	0.28～0.36	0.40～0.55

注：1. 在直径大于 60mm 的实心材料上切断，当切刀接近零件轴线 0.05mm 时，表中进给量应减小 40%～50%。
　　2. 加工淬硬钢时，表内进给量应减小 30%（当硬度 <50HRC 时）或 50%（当硬度 >50HRC 时）。

2.6　车刀刀片的材料简介

除高速钢制造的整体刀具外，其他车刀的刀片均采用与刀体不同的材料制作。数控车床的刀片材料主要有硬质合金、涂层硬质合金、陶瓷、立方氮化硼（CBN）和聚晶金刚石（PCD）等。其中，硬质合金刀片应用广泛。按照化学成分的不同，硬质合金可分为钨钴类硬质合金（代号为 YG）、钨钴钛类硬质合金（代号为 YT）和在上述两种硬质合金基础上添加钽和铌的通用硬质合金（代号为 YW），它们对应于 ISO 标准的 K、P、M 类硬质合金。YG 类硬质合金适合加工铸铁及有色金属，YT 类硬质合金适合加工碳素钢或合金钢类材料，而 YW 类硬质合金适合加工铸铁、有色金属和碳素钢等。涂层硬质合金刀片的表面涂层材料常见的有 Al_2O_3、TiC、TiN 及其他的镀覆材料，硬质合金刀片表面镀覆涂层后其刀具寿命可提高数倍。

第 3 章 数控车床的基本操作

数控编程与机床操作是密不可分的关系,要想成为一位好的编程人员,必定要对数控机床的基本操作有较深刻的了解,甚至有些编程的内容本身就需在操作中最终操作完成,如工件坐标系的建立、刀具位置补偿和刀尖半径补偿等。

3.1 机床数控系统操作面板的组成

机床数控系统操作面板的组成及CKA6150型卧式数控车床机床操作面板的布局如图3-1所示。

机床数控系统的操作面板一般包括两部分,即数控系统的LCD/MDI操作面板及机床操作面板,前者由数控系统的生产厂家提供,同一系统的数控机床均是相同的;而后者则是由机床生产厂家设计制造的,不同厂家的机床操作面板布局上差异比较大,但功能基本相同。

机床操作面板(左、下部)　　LCD/MDI操作面板(右上部)

图 3-1　数控车床的操作面板

FANUC 0i Mate-TC 数控系统的 LCD/MDI 操作面板介绍如下:

1. LCD/MDI 操作面板

LCD/MDI操作面板(图3-2)是数控系统(CNC)操作面板,包括显示与操作键盘两部分,近年出品的数控系统以液晶显示器(Liquid Crystal Display,缩写为LCD)居多。MDI是手动数据输入(Manual Data Input)的英文缩写,是各种参数设置,程序输入、编辑和修改,显示界面的切换等的设定区域,其实质上是一个由各种按键构成的键盘操作区。

第 3 章 数控车床的基本操作

图 3-2 FANUC 0i Mate-TC 数控系统 LCD/MDI 操作面板

2. 外部数据输入／输出设备接口

FANUC 0i Mate-TC 数控系统外部输入／输出接口主要有 CF 卡插槽及 RS232C 数据传输口，如图 3-3 所示。

使用 CF 卡传输程序方便可靠，不存在烧坏电路板的问题，推荐采用。

图 3-3 FANUC 0i Mate-TC 数控系统外部输入／输出接口

使用 RS232C 接口传输程序时，必须将计算机机壳与机床地线可靠相连，或直接采用机床上提供的电源插座，传输线必须在断电状态下插拔，否则可能烧坏 RS232C 接口电路。RS232C 传输线接口主要针－孔功能参见表 3-1。

表 3-1 RS232C 传输线接口主要针－孔功能

25 针串口	9 孔串口	功　　能	说　　明
2	3	发送数据（TXD）	1）FANUC 0i 系统多采用软件应答，且用相同的波特率等，因此 25 针串口的针 4、5 短接，针 6、8、20 短接；9 孔的孔脚 7、8 短接，孔脚 1、4、6 短接
3	2	接收数据（RXD）	
4	7	请求发送（RTS）	
5	8	清除发送（CTS）	2）未提及的针、孔悬空不管
6	6	数据准备好（DSR）	
7	5	信号地线（SG）	3）为防止信号干扰，宜选用带屏蔽的多芯连接线，且屏蔽层的两段与插头的金属焊接相连
8	1	载波检测（DTR）	
20	4	数据终端准备好（DTR）	4）传输线长度不宜太长，一般不超过 12m

注：近年来很多 PC 未配置 9 孔串行口，此时，可借 USB—RS232C 转接线，借用通用的 USB 口传输程序。

3. MDI 单元的键盘布局（图 3-4）

图 3-4　MDI 单元键盘布局

4. MDI 单元键盘各按键的名称及功能（表 3-2）

表 3-2　MDI 单元键盘各按键的名称及功能

序号	名称	功能
1	复位键	按此键可使 CNC 系统复位，用以消除报警等
2	帮助键	按此键用来显示如何操作机床，如 MDI 键的操作，可在 CNC 发生报警时提供报警的详细信息（帮助功能）
3	软键选择键	位于 LCD 显示界面的下部，根据使用场合的不同，软键有各种功能，各软键功能显示在 LCD 显示屏的底部（用方括号括起来的）
4	地址和数字键	按这些键可输入字母、数字以及其他字符
5	换挡键（切换键）	有些键的顶部有两个字符，按 SHIFT 键来选择字符，当一个上三角符号"^"在屏幕的输入缓冲区显示时，表示键面右下角的字符可以输入
6	输入键	当按地址键或数字键后，数据被输入缓冲区，并在 LCD 屏幕上显示出来，为了把键入到输入缓冲区中的数据复制到寄存器，按 INPUT 键，这个键与软键 [INPUT] 的功能相同，按这两个键的结果是一样的
7	取消键	按此键可删除已输入缓冲区的最后一个字符或符号 例：当显示键入缓冲区的数据为：〉N001×100Z_ 时，按 CAN 键，则字符 Z 被取消，显示为：〉N001×100_
8	程序编辑键	当编辑程序时，按这些键 替换。用输入缓冲区的字等替换光标所在位置的字 插入。将输入缓冲区的字等插入光标所在位置字的后面 删除。删除光标所在位置的字等
9	功能键	当编辑程序时，按这些键 显示位置界面 显示程序界面 显示偏置 / 设定界面 显示系统界面 显示信息界面 显示用户宏界面（会话式宏界面）或显示图形界面

(续)

序号	名称	功能
10	光标移动键	这是四个不同方向的光标移动键 →：用于将光标朝右或前进方向移动。在前进方向，光标按一段短的单位移动 ←：用于将光标朝左或倒退方向移动。在倒退方向，光标按一段短的单位移动 ↓：用于将光标朝下或前进方向移动。在前进方向，光标按一段大尺寸单位移动 ↑：用于将光标朝上或倒退方向移动。在倒退方向，光标按一段大尺寸单位移动
11	翻页键	PAGE↑：用于在屏幕上朝前翻一页 PAGE↓：用于在屏幕上朝后翻一页

5. 软键（图 3-5）

功能键与软键关系密切，例如按下图 3-5a 中的功能键 **OFS/SET**，可进入图 3-5b 所示的偏置界面。

图 3-5 功能键与软键
a）功能键 b）软键

说明：

1）中间的五个软键对应显示界面下部方括号中的功能菜单。一般最后一个操作选择软键用于相应节的操作设置。

2）如果把每个功能键进入的界面比作"章"的话，那么按下功能键进入的界面就相当于章。而按各节选择软键进入的界面就相当于进入了方括号内菜单指定的"节"。

3）每一章中的"节"可能比较多，一页显示不下，这时按"继续菜单软键"就相当于向后翻页（界面），而对应的"返回菜单软键"就相当于向前翻页（界面）。

下面以功能键 **OFS/SET**（偏置/设定）操作为例（图 3-6）具体介绍。

示例 1：开机后，按功能键 **OFS/SET**，进入"偏置/设定"界面，如图 3-6a 所示。可以看出其有三个节——偏置、设定和工件系。

示例 2：在"偏置"界面中按 [偏置] 选择软键，进入"偏置/磨损（或外形）"查询界面，如图 3-6b 的"偏置/磨损"界面。在此界面中，按 [外形] 选择软键可进入"偏置/外形"界面。

示例 3：在"偏置/磨损"或"偏置/外形"界面中按 [（操作）] 选择软键，可进入"偏置/磨损"或"偏置/外形"的操作界面，如图 3-6c 所示，在此界面中可进行"外形"或"磨损"偏置号的搜索和偏置值的设置。

示例 4：在图 3-6a 所示的偏置界面中，按下继续菜单软键▶，可进入图 3-6d 所示的继续操作界面。

图 3-6 OFS/SET 功能键及其软键操作示例

a)"偏置/设定"界面 b)"偏置/磨损"界面 c)偏置操作界面 d)偏置继续操作界面

软键的操作千变万化，需要读者通过阅读数控系统操作说明书中的相应章节，并通过不断的实践逐渐掌握。

3.2 CKA6150 型卧式数控车床操作面板

前面谈到，不同厂家数控车床的机床操作面板布局上存在较大的差异，但功能基本相同，表 3-3 所示为 CKA6150 型卧式数控车床操作面板各按键功能说明。

表 3-3 CKA6150 型卧式数控车床操作面板各按键功能说明

序号	按键	功能
1	系统启动/停止键（系统启动 系统停止）	按下系统启动按钮，10～20s 后，LCD 显示初始界面，等待操作。若急停键为按下状态，则 LCD 将显示报警。放开急停键，系统启动，机床处于自检状态，并向机床润滑、冷却等机械部件供电 按下系统停止键，系统断电，LCD 将立即关闭显示，并且系统断电 系统启动/停止键主要用于 CNC 系统的通电和断电。要注意其与机床总电源的开/关顺序
2	紧急停止键	紧急停止键按下时，LCD 显示报警，顺时针旋转键释放，报警将从 LCD 消失。要强调的是，当机床超过行程，压下限位开关（选项）时，在 LCD 上也显示报警
3	电源指示灯（电源）	机床通电后，指示灯点亮
4	回零指示灯（X零点 Z零点）	本数控车床的回零指示灯有两个： X 轴回零指示灯：在手动方式的回零状态下，按 +X 键，机床沿着 +X 方向回到参考点，回到参考点后，X 零点指示灯亮。在其他方式下离开参考点，指示灯熄灭 Z 轴回零指示灯：功能同上，这里仅是按 +Z 键控制 Z 轴返回参考点 注意：坐标轴采用绝对位置检测元件时，无须手动回零操作
5	程序保护锁（程序保护 0 1）	程序保护锁用于防止加工程序、偏置值、参数和存储的设定数据等被错误地存储、修改或清除。在编辑方式下，通过钥匙将开关接通（状态 1），就可以编辑、修改加工程序。在执行加工程序之前，必须关断程序保护开关（状态 0）
6	单段键	单段键仅对自动方式有效。按下单段键，指示灯亮，系统处于单段执行状态。每按下一次循环启动键，系统将执行一个程序段并暂停，再次按下循环启动键，系统再执行一个程序段并暂停。采用这种方式可对程序及操作进行检查
7	空运行键	空运行键仅对自动方式有效。按下空运行键，指示灯亮，系统处于空运行执行状态。此时，机床以参数 1410 设定的恒定进给速度运行而不检查程序中所指定的进给速度。该功能主要用于机床不装夹工件的情况下检查刀具的运动轨迹。通常在编辑加工程序后，试运行程序时使用
8	跳选键	跳选键仅对自动方式有效。按下跳选键，指示灯亮，系统处于跳选执行状态。系统将跳过程序段前加有斜杠"/"符号的程序段
9	锁住键	按下锁住键，指示灯亮，系统处于机床锁住执行状态。此时，机床进给运动轴被锁住，在手动运行或自动运行时，停止向伺服电动机输出脉冲，但依然在进行指令分配，绝对坐标和相对坐标也得到更新，操作者可以通过观察 LCD 显示屏上的位置坐标变化来检查指令编制是否正确。该功能常用于加工程序的指令和位移的检查
10	选择停键	选择停键仅对自动方式有效。按下选择停键，指示灯亮，系统处于选择停止执行状态。此时，系统在自动运行方式下执行到程序中出现"M01"指令的程序段时将停止执行，此时，主轴功能、冷却功能等也将停止，再次按下循环启动键，系统将继续执行"M01"以后的程序。该功能常常用于加工过程中的不定期检查，如尺寸测量、调整和排屑等
11	回零键（选项）	使用相对位置检测元件的数控机床，回零键才有用 机床工作前，必须做回参考点操作，按 +X、+Y 键后，用快速移动速度移动回零点之后，用一定速度移向参考点。机床回零操作时，一般先 X 轴回零，然后再 Z 轴回零，防止刀台等碰撞尾架 回零键按下时，回零指示灯点亮，回零方式有效。可以用自动、编辑、MDI、JOG、手摇等方式取消回零方式 使用绝对位置检测元件的数控机床，无须手动回零操作

（续）

序号	按键	功能
12	冷却键 冷却	CNC 启动后，可通过冷却键控制冷却的开与停
13	照明键 照明	CNC 启动后，可通过照明键控制照明的开与关
14	DNC	DNC 运行方式是自动运行方式的一种，它是直接读取输入/输出设备上的程序使系统运行。例如在 DNC 运行方式下，可利用通信电缆连接计算机和数控系统的 RS232 接口，通过 DNC 软件把计算机上的加工程序一部分、一部分地传递给数控系统，机床运行完一部分程序后，会请求计算机再发送一部分 该功能通常用于加工程序很长，不能存储在 CNC 系统存储器中的加工程序 要实现 DNC 运行，必须预先对通信口等进行设置，详见数控系统随机附带的操作说明书以及数控机床生产厂家的使用说明书等。另外，还需要一个 DNC 传输软件
15	工作方式选择键 手动 自动 MDI 编辑 手摇	数控系统共有五种工作方式，可用工作方式选择开关或键选择，本机采用触摸面板的单选键，一次只能选择一种方式，每按下所需键，键上的指示灯点亮，选择的工作方式有效，先前选择的键自然取消 **手动**：手动工作方式又叫 JOG 方式。通过 X、Z 轴进给方向移动键，实现两轴各自的手动连续进给移动（进给速度由参数 1423 设定），并可通过进给倍率调节旋钮在 0～150% 连续可调。而且还可以按下快速键，实现快速移动（速度由参数 1424 设定） **自动**：自动工作方式又称存储器工作方式。该方式运行时，加工程序预先编辑并存储在存储器中，当选择好要运行的加工程序，设置好刀具偏置值等时，在防护门关闭的前提下，按下循环启动键，机床就按加工程序运行 在自动运行期间，若按下循环停止键，自动运行暂停，再次按下循环启动键后，自动运行恢复。当按下 MDI 面板上的复位键 **RESET** 后，自动运行结束并进入复位状态 **MDI**：MDI 工作方式也叫手动数据输入方式，它具有从 LCD/MDI 操作面板上输入少量程序段并执行该程序段的功能。该系统最多可输入 10 行程序段 MDI 方式可用于简单的测试操作，或开机后执行 "S500 M03" 指令起动主轴 **编辑**：在程序保持开关通过钥匙接通的条件下，可以编辑、修改、删除或传输工件的加工程序 **手摇**：手摇工作方式可实现手轮/单步方式工作 在手摇键按下后，手摇脉冲发生器（手轮）有效，通过轴选开关选择进给轴（X、Z 轴），再选择好移动步长的倍率（×1、×10、×100），转动手摇脉冲发生器，可移动所选坐标轴 在这种方式下，也能实现单步移动功能，在设置好移动轴和移动倍率后，通过 X、Z 轴的方向移动键，实现所选轴按所设最小输入增量单位的倍数值移动
16	轴选开关 X Z	轴选开关是一个手拨开关，具有两个工作位置，对应于所选的坐标轴，用于手摇工作方式时的 X、Z 坐标轴的选择
17	速度调节键 ×1 ×10 ×100 F0 25% 50% 100%	速度调节键可对手摇方式下的手轮脉冲最小移动距离和手动进给方向移动键的增量距离进行调节，还可对快速移动速度进行倍率调节 在手摇工作方式下，手轮脉冲最小移动距离和手动进给方向移动键的增量距离的倍率有 3 个，分别为 ×1、×10、×100。其中，×1 键对应的是最小输入增量单位（默认设置是 0.001mm），而 ×10 或 ×100 键按下后，手轮脉冲最小移动距离和手动进给方向移动键的增量距离被扩大 10 倍或 100 倍，即移动距离为 0.01mm 或 0.1mm 快速移动倍率调节键有四个，分别为 F0、25%、50%、100%，其中 F0 键的移动速度由参数 1421 设定，而 25%、50%、100% 键可对 G00 移动、手动快速移动等快速移动速度进行倍率调节。该功能常用于程序试切检查期间的速度调整

（续）

序 号	按 键	功 能
18	进给方向键	进给方向键共有 X 和 Z 两个轴四个移动方向键，中间还有一个快速移动键 进给方向键在手动工作方式下可实现手动连续进给移动和手动快速移动，在手摇工作方式下可实现增量进给 在手动工作方式下，若未按下快速移动键，仅按住任一方向键，可实现指定轴指定方向的手动连续进给移动（进给速度由参数 1423 设定），移动速度可由进给速率调节旋钮调节；当同时按住快速移动键 $\sim$ 和任一方向键，可实现指定轴指定方向的快速移动（进给速度由参数 1424 设定） 在手摇工作方式下，每按一次方向移动键，可实现指定轴指定方向移动一个增量距离，一个增量距离为最小增量输入单位（一般为 0.001mm）乘以速度调节键（×1、×10、×100）
19	进给倍率调节旋钮	进给倍率调节旋钮可对手动工作方式下的连续移动速度和自动工作方式下程序指定的进给速度 F 进行调节 进给倍率的调节范围为 0～150% 连续可调。当进给倍率调节至 "0" 时，LCD 上将出现 "FEED ZERO" 的报警信息 对于手动工作方式，倍率为 100% 时的移动速度由参数 1423 设定，默认设置为 1500mm/min，可根据用户要求适当调节，但最好不要大于 1500mm/min。当参数 1423 设置的移动为 1500mm/min 时，手动连续移动速度的调节范围是 0～2250mm/min 对于自动工作方式，可对自动运行程序中所指定的进给速度 F 进行倍率调整 进给倍率允许在程序运动期间调节
20	手摇脉冲发生器	手摇脉冲发生器又叫手轮，用于产生脉冲信号。手摇脉冲发生器必须与轴选开关和进给调节键配合使用，在手摇工作方式下实现对工作轴的微量进给 手摇脉冲发生器上有 100 个小刻度，每摇过 1 格发出一个脉冲，每个脉冲移动的距离与进给调节键 ×1、×10、×100 有关。在手摇工作方式下，按 ×1 键，手轮的进给单位为最小输入增量×1，一般最小输入单位设置为 0.001mm，所以，×1 表示手轮旋转一个刻度时轴的机械位移为 0.001mm。同理，按 ×10 和 ×100 键，表示手轮旋转一个刻度时轴的移动距离分别为 0.01mm 和 0.1mm 手轮可正、反方向旋转，实现工作轴两个方向的移动 手摇脉冲发生器的操作步骤为：先用轴选开关选择工作轴，然后通过进给速度调节键设置一个脉冲的移动距离，最后通过观察 LCD 屏幕上的位置坐标值摇动手轮调节工作轴精确移动
21	循环启动/停止键	在自动工作方式下，按 循环启动 键，CNC 开始执行一个加工程序或单段指令 在循环启动状态下，按 循环停止 键，程序运行及刀具运行将处于暂停状态，其他功能如主轴转速、冷却等保持不变，再次按 循环启动 键，机床重新进入自动运行状态
22	主轴正转/停止/反转键	控制主轴的正转、停止和反转 注意：机床通电后，必须首先执行返回参考点操作，并在手动工作方式下，主轴 正转/停止/反转 键才有效，主轴手动启动旋转后，可执行主轴转速倍率调节 由于系统开机时速度寄存器的初始值为零，此时主轴 正转/反转 键无法旋转主轴，一般可在 MDI 方式下执行 "S300 T0100 M03"，并换一次刀，这样，主轴 正转/停止/反转 键才有效，其启动后的实际转速取决于最近一次执行主轴速度指令 S_ 的速度值
23	主轴转速调整键	主轴转速调整键有三个：主轴减少、主轴 100%、主轴增加，可实现主轴转速的倍率调整 在主轴旋转期间，每按一次 主轴增加 键可使主轴转速增加 10%；同样，每按一下 主轴减少 键，可使主轴转速减少 10%；按 主轴 100% 键，执行 S 指令的主轴转速。在加工过程中，也可对程序中指定的转速进行调节 主轴减速的调节范围为 50%～120%，主轴增加的调节范围可达执行 S 指令转速的 120% 注意：同主轴正转/停止/反转键一样，主轴转速必须预先执行 S 代码，待系统确认后，主轴转速调整键才有效。因此，机床通电后，在 MDI 方式下，执行一次 "S300 T0100 M03" 指令即可

3.3 数控车床的基本操作

3.3.1 开机与关机

数控车床开/关机操作与其他数控机床基本相同，其操作步骤如下。

1. 开机（图 3-7）

图 3-7 数控车床开机步骤

说明：

1）若开机进入的位置界面中显示闪烁的"ALM"报警提示，一般是由于关机时按下了急停键，这时可按急停键上的箭头指示方向（一般为顺时针方向）旋转，释放急停键，并按下 RESET 键取消报警提示，如图 3-7 中的步骤⑥。

2）系统启动自检期间，不要去碰操作面板上的任何键，否则可能出现意想不到的情况。

2. 关机（图 3-8）

图 3-8 数控车床关机步骤

说明：关机前要进行机床工作状态检查，包括使机床的所有可移动部件都处于停止状态；循环启动键处于停止状态；关闭所有 CNC 的外部输入输出设备；刀架移至合适位置等。

3.3.2 手动返回参考点

对于采用了绝对位置检测元件的数控车床，不必执行手动返回参考点操作。对于采用相对位置检测元件的数控机床，CNC 系统通电后，必须执行手动返回参考点操作。图 3-9 所示为手动返回参考点操作步骤。

（1）手动返回参考点操作步骤　如图 3-9a 所示。

1）按机床操作面板上的 回零 键，指示灯亮，回零方式有效。

2）选择返回参考点的移动速度。

3）按 +X 键，X 轴返回参考点后，X 零点指示灯亮，表示 X 轴返回参考点成功。

4)按 +Z 键,Z 轴返回参考点后,Z 零点指示灯亮,表示 Z 轴返回参考点成功。

(2)相关说明 如下所述。

1)参数 1006 第 5 位(ZMIx)可设定各轴返回参考点方向。

2)参数 1002 第 0 位(JAX)可设定各轴单独返回还是同时返回参考点。默认设置是两轴分别返回参考点。

3)为保证安全,一般先设定 X 轴返回参考点,然后再设定 Z 轴返回参考点。

4) 100% 键为快速移动速度,由参数 1420 设定, 25% 、 50% 为快速移动速度的倍率。 F0 键的移动速度由参数 1421 设定。

5)执行急停后,必须重新执行返回参考点操作。

6)返回参考点后,按 回零 键,按键指示灯熄灭,回零方式无效,进入手动操作移动机床状态。

7)一旦离开参考点,回零指示灯就熄灭。另外,进入急停状态时回零指示灯也会熄灭。

8)手动返回参考点操作必须在 手动 工作方式下进行,但是一般 CNC 系统通电后的默认状态就是手动方式,所以手动返回参考点操作步骤中没谈到这一步。

图 3-9 手动返回参考点操作

a)手动返回参考点操作步骤 b)返回参考点操作路径

3.3.3 手动进给、增量进给与手轮操作

1. 手动进给和快速移动

手动进给又称手动连续进给或 JOG 进给,是数控机床的工作方式之一。手动进给可实现工作轴的手动连续进给移动和手动快速移动。手动连续进给可用于人工操纵加工、刀具位置移动与粗调等场合;手动快速移动可用于刀具快速移动,缩短辅助时间,两种进给方式均应用广泛。

(1)手动连续进给操作步骤 如图 3-10 所示。

1)按 手动 方式键,指示灯亮,手动工作方式有效。

2)手动调节进给倍率旋钮,选择移动速度倍率。

3)按住某一工作轴的进给方向键,机床工作轴按指定轴指定方向连续进给移动。

> **注意**
>
> 1)手动进给速度默认设置是每分钟进给,也可由参数 1402 第 4 位(JRV)设置为每转进给。
>
> 2)进给倍率为 100% 时的进给速度由参数 1423 设定。

图 3-10 手动连续进给操作步骤及示意图

a）操作步骤 b）手动连续进给示意图

（2）手动快速移动操作步骤 如图 3-11 所示。

1）按 手动 方式键，指示灯亮，手动工作方式有效。

2）按快速移动速度键 F0 、 25% 、 50% 或 100% ，选择快速移动速度。

3）同时按住中间的快速移动键和某一工作轴的进给方向键，机床工作轴按指定轴指定方向快速移动。

> 注意
>
> 1）手动快速移动速度的加/减速方式同编程指令 G00 一样。
>
> 2）键 F0 的移动速度由参数 1421 设定，键 25% 、 50% 及 100% 可对 G00 设定的移动速度进行倍率调节。
>
> 3）如果在电源接通后没有进行过返回参考点操作，那么快速移动无效，只能进行手动连续进给。

图 3-11 手动快速移动操作步骤及示意图

a）操作步骤 b）手动快速移动示意图

2. 增量进给

增量进给是使工作轴实现单个脉冲的单步移动，每一个脉冲的步距可调。增量进给与手轮进给相似，只是脉冲发生的方式不同，增量进给采用的是进给方向键选择工作轴并发生脉冲。

（1）增量进给操作步骤 如图 3-12 所示。

1）按手摇方式键，指示灯亮，手摇工作方式有效。

2）按增量调节键 ×1 、 ×10 或 ×100 ，选择合适的移动倍率，确定移动步距。

3）按待移动工作轴及进给方向键一次，机床工作轴按指定轴指定方向移动一个步距。不断按下进给方向键，观察 LCD 显示屏上的工作轴位置坐标，直至满足要求为止。

（2）注意事项　如下所述。

1）默认情况下增量调节键 ×1 对应的步距为 0.001mm。同理，增量调节键 ×10 、 ×100 对应的步距等于最小输入增量的 10 倍和 100 倍，即 0.01mm 和 0.1mm。

2）在增量工作方式下，同时按住快速移动键和某一工作轴的进给方向键，同样可以实现工作轴的快速移动。

3）增量进给的工作轴移动与手轮进给一样，可实现坐标轴工作位置的精确调整。

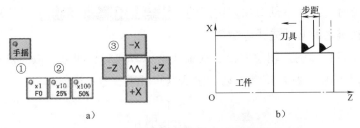

图 3-12　增量进给操作步骤及示意图

a）操作步骤　b）增量进给示意图

3. 手轮进给

手轮进给是指用手摇脉冲发生器发出的脉冲信号驱动工作轴的移动。手摇脉冲发生器上有一个手轮，旋转手轮可发出脉冲信号，将 360° 分成了 100 个刻度，每旋转 1 个刻度发出一个脉冲，驱动工作轴移动一个步距。手轮上每一个脉冲移动的步距设置同增量进给。

（1）手轮进给操作步骤　如图 3-13 所示。

1）按 手摇 方式键，指示灯亮，手摇工作方式有效。

2）拨动轴选开关，选择要移动的工作轴。

3）按增量调节键 ×1 、 ×10 或 ×100 ，选择合适的移动倍率，确定移动步距。

4）手摇脉冲发生器驱动工作轴移动，手轮每转过一个刻度工作轴移动一个步距，手轮正/反转，确定了工作轴移动方向的变化，连续不断地旋转手轮，可驱动工作轴连续不断的移动。

（2）注意事项　如下所述。

1）默认情况下增量调节键 ×1 对应的步距为 0.001mm。同理，增量调节键 ×10 、 ×100 对应的步距为 0.01mm 和 0.1mm。

2）摇动手轮时可凭手感，但更多的应该观察 LCD 显示屏上的工作轴位置坐标值的变化。

3）手轮进给的工作轴移动与增量进给一样，可实现坐标轴工作位置的精确调整。但手轮的使用比按键增量控制更方便，因此应用更广泛。

图 3-13　手轮进给操作步骤及示意图

a）操作步骤　b）手轮进给示意图

3.3.4 机床的急停与超程处理

1. 紧急停止与处理

（1）急停键　急停（EMERGENCY STOP）是为应付紧急情况而设置的一个特殊功能，图 3-14 所示为急停操作及处理图解，其说明如下。

1）机床在任何方式下，按急停键，机床运行立即停止，所有的输出全部关闭且机床报警。

2）急停报警时，界面下部会出现闪烁的"――EMG―― ALM"报警提示。

3）在释放按键之前必须先排除故障。

4）急停键是带自锁的，朝急停键上的箭头所示方向旋转即可释放急停锁住，释放后可解除报警，但所有的操作都需重新起动，包括返回机床参考点操作。

图 3-14　急停操作及处理图解

a）操作步骤　b）显示画面报警提示

（2）其他急停方式　见表 3-4。

表 3-4　其他急停方式

方式	操作按键	说　明
1	RESET（复位键）	机床自动运行期间，按 MDI 面板上的复位键 RESET，机床的全部操作均停止，且光标回到程序头。因此可以用此键完成紧急停车操作。复位键停车后不需执行返回参考点操作，但有可能重新对刀
2	循环（循环启动 循环停止）	机床自动运行期间，按机床操作面板上的 循环停止 键，机床暂时停止程序的运行，但各种模态参数等仍然保持，再次按 循环启动 键，程序从停止处继续执行下去。这种停止方式对机床的设置没有任何影响
3	系统停止	机床自动运行期间，按机床操作面板上的 系统停止 键，可以切断 CNC 系统的电源，当然也就停止了机床的运行。这种方式相当于停电故障，属于非正常停机，建议不要采用

2. 超程及处理（图 3-15）

超程的概念：当机床试图移到由机床限位开关设定的行程终点的外面时，由于碰到限位开关，机床减速并停止，如图 3-15a 所示。同时在显示界面中出现闪烁的"ALM"报警，这时按 MESSAGE 键可查找报警信息，如图 3-15b 所示。

解除超程：手动操作使刀具朝安全方向移动一段距离，然后按 RESET 键解除报警，操作图解如图 3-15c 所示。

有关说明如下。

（1）自动运行期间超程　自动运行期间当机床沿一个轴运动碰到限位开关时，刀具沿所有轴都要减速和停止，并显示超程报警。

（2）手动操作期间超程　在手动操作时，仅仅是刀具碰到限位开关的那个轴减速并停止，刀具仍可沿其他轴移动。

图 3-15　超程及解除超程处理
a）超程的概念　b）超程报警界面及报警信息查询　c）解除超程步骤

3.3.5　数控车床的手动选刀与主轴手动起动

从前面介绍的机床操作面板上可以看到，CKA6150 型卧式数控车床本身并没有手动换刀键，且机床及数控系统通电后主轴的 正转 / 停止 / 反转 键也不会立即生效，原因是数控系统通电启动后，CNC 存储器中的 T 指令和 S 指令都是空的。但注意到 T 指令和 S 指令均是模态指令，只要运行一次，便一直有效，直到下一个新的 S 指令出现之前。基于这个特点，数控车床的手动选刀与主轴起动均可在 MDI 方式下进行。

1. 手动选刀

手动选刀操作步骤如图 3-16 所示。

1）按 MDI 方式键，指示灯亮，MDI 工作方式有效。
2）按 MDI 面板上的 PROG 功能键，进入程序界面。
3）输入程序段"T0200"。

4）按 循环启动 键，执行程序，完成 2 号刀的选刀与换刀，即将 2 号刀旋转至工作位置。

图 3-16　手动选刀操作步骤

2. 主轴手动起动

主轴手动起动的操作步骤如图 3-17 所示。

1）按 MDI 方式键，指示灯亮，MDI 工作方式有效。
2）按 MDI 面板上的 PROG 功能键，进入程序界面。
3）输入程序段"S600 M03"。
4）按 循环启动 键，执行程序，主轴起动。

说明： 主轴起动后，即可在手动方式下通过 正转 / 停止 / 反转 键起动、停止和反转主轴。

图 3-17　机床主轴手动起动的操作步骤

3.4　数控车床的运行方式

3.4.1　存储器运行

存储器运行指直接运行预先存储在 CNC 系统存储器中的加工程序。

1. 自动方式下运行

图 3-18 所示为运行程序"O0016"的操作步骤。

(1) 存储器运行操作步骤　程序运行前必须确保程序已存在于存储器中。

1) 按自动方式键。

2) 按 PROG 程序键，显示上一次使用过的程序界面，如图 3-18 中的 O0023。

3) 按 O 地址键（字母键）输入字母 O，用数字键输入待加工程序的程序号。

4) 按 ↓ 光标移动键或 [O 搜索] 软键，即可调出待加工程序。

5) 按机床操作面板上的循环启动键，自动运行启动，而且循环启动键指示灯亮。当自动运行结束时，循环启动键指示灯熄灭。

(2) 说明　如下所述。

1) 程序运行期间，光标随着执行的程序段而变化。

2) 程序运行期间，显示界面还可切换到位置界面，观察坐标值变化情况。

图 3-18　自动方式下存储器运行操作步骤

2. 编辑方式下调出程序后运行

自动方式下运行程序的前提是操作者必须确保所运行的程序已存入存储器并知道程序名，若不是很清楚的话，则必须在编辑方式下查找并调出程序，然后按循环启动键运行。事实上，这种方式应用更加广泛。有关程序调出的方式详见 3.6 节的相关介绍，这里仅介绍一般的操作步骤。

编辑方式下调出程序并运行的操作步骤如图 3-19 所示。调出程序之前首先确保程序在存储器中。

1) 按编辑方式键。

2) 按 PROG 程序键，进入程序界面。

3) 按 [列表] 软键，切换到程序目录界面。

4) 按 O 地址键输入字母 O，用数字键输入待加工程序的程序号。注意软键发生了变化。

5) 按 ↓ 光标移动键或 [O 搜索] 软键，即可调出待加工程序。

6）按自动方式键，进入自动工作方式。

7）按机床操作面板上的 循环启动 键，自动运行启动，其结果同上。

图 3-19 编辑 方式下调出程序并运行的操作步骤

3. 注意

1）按 循环启动 键时必须保证光标处在程序的开始处，否则可按 RESET 键使光标返回程序头。

2）在自动运行期间，可通过进给速率调节旋钮调整进给速度，也可通过主轴转速调整键 主轴减少 、 主轴100% 、 主轴增加 在一定范围内调整主轴转速。

3）若要在自动运行中途停止或取消存储器运行，可按以下步骤执行。

① 若要在自动运行中途停止存储器运行，可按机床操作面板上的 循环停止 键，自动运行暂停，再按一次 循环启动 键，自动运行从暂停处恢复自动运行。

② 若要在自动运行中途取消存储器运行，可按 MDI 面板上的 RESET 键。

3.4.2 MDI 运行

MDI 运行方式主要用于简单测试程序的操作等，程序执行完成后一般自动删除。MDI 运行的操作步骤如图 3-20 所示。

1）按 MDI 方式键。

2）按 PROG 程序键，进入 MDI 界面，并自动产生程序名 O0000。

3）以普通程序编辑方式输入简短程序。

4）按机床操作面板上的 循环启动 键，程序运行启动。执行完指令 M02 或 M30，运行结束并自动删除程序，程序界面同第2）步。

图3-20 MDI方式运行程序的操作步骤

> **注意**
>
> 1) MDI 方式下输入程序的方法与 编辑 方式下的输入方法相同。
>
> 2) MDI 方式下输入的程序不能存储。
>
> 3) MDI 方式下编辑的程序行段数必须能在一页屏幕上完全放得下。一般程序最多可有6行。当参数 MDL（No.3107 第7位）设定为0，指定为压缩方式时，程序最多可有10行。如果程序超过了规定的行数，% 符号被删除（防止插入和修改）。
>
> 4) 最后一个程序段为 M30 或 M02 时，程序运行结束后自动删除运行的程序，返回 MDI 初始界面。当最后一个程序段为 M99 时，程序运行结束后返回程序头。
>
> 5) 程序运行期间，按机床操作面板上的 循环停止 键，MDI 运行暂停，再按一次 循环启动 键，程序运行从暂停处恢复执行。
>
> 6) 删除 MDI 方式中建立的程序。
>
> 方法一：按 O 地址键输入字母 O，然后按 MDI 面板上的 DELETE 键。
>
> 方法二：按 RESET 键，此时须事先设定参数 3203 第7位为1。
>
> 7) 程序运行期间，按 MDI 面板上的 RESET 键，自动运行结束并进入复位状态。

3.4.3　DNC 运行

DNC 运行方式是通过通信等方式读入外设上程序的同时执行自动加工（DNC 运行），常见的是 PC 与机床通信进行加工。这种加工方式必须预先准备好 RS232C 数据传输线，并准备好相关的传输软件（如常用的 Mastercam 软件自身就带有传输功能，另外还有 CIMCOEdit、WINPCIN、NCSentry 和 V24 等）。机床侧要对数控系统的通信参数等进行设定，如 I/O 通道（一般设置为1）、波特率等，同时，PC 侧的传输软件也必须做好相应的设置，特别要注意波特率必须相等。

DNC 运行方式设置不当会很难实现，同时传输线布置在外及 PC 开机时间太长出现死机故障等会造成加工意外中断，影响正常加工。因此其不如下面介绍的存储卡（CF 卡）DNC 运行方便，所以这里不详细叙述。

3.4.4 存储卡（CF 卡）DNC 运行

1. CF 卡 DNC 运行的概念（图 3-21）

CF 卡是 CompactFlash 的缩写，可用于存储程序，通过 PCMCIA 转接卡插入数控系统显示屏左端的 CF 卡插槽与数控系统进行数据传输，如图 3-21a 所示。CF 卡除了进行程序传输外，还可以在 DNC 方式下，通过启动自动操作，与使用 CNC 存储器一样，读取存储卡中的程序，进行 DNC 操作。CF 卡 DNC 运行与存储器运行的关系如图 3-21b 所示。

图 3-21　CF 卡 DNC 运行的概念
a）CF 卡及插入位置　b）CF 卡 DNC 运行与存储器运行的关系

2. CF 卡 DNC 运行的参数设置

使用 CF 卡时，必须将 I/O 通道设置为"4"，确保数控系统与 CF 卡接口进行数据传输。I/O 通道的设置可以在"设定"界面中设置，具体设定详见 3.10.3 节。也可直接将参数 0020 修改为 4。另外，参数 0138 第 7 位（MDN）必须设置为 1（参数设置参见 3.11.1 节），才能保证系统能够进行 CF 卡的 DNC 操作。设置界面如图 3-22 所示。

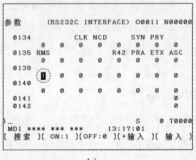

图 3-22　CF 卡 DNC 运行的参数设置
a）I/O 通道设置　b）参数 0138 第 7 位的设置

3. CF 卡 DNC 运行的操作步骤（图 3-23）

CF 卡 DNC 运行的操作步骤如下：

1) 开机后进入 MDI 方式下的位置界面，按 **DNC** 键，指示灯亮，DNC 方式有效，界面左下角的 MDI 提示会转为 RMT 运行方式提示。

2）按 **PROG** 键 1～2 次，进入程序界面。

3）按两次▶继续菜单键，出现 [DNC-CD] 软键界面。

4）按 [DNC-CD] 软键，进入 DNC 操作（存储卡）界面，显示出 CF 卡上的程序列表，同时界面下部出现空白的"DNC 文件名："提示。

5）在输入缓冲区键入待 DNC 运行的程序的编号，如 O0003 程序的编号 0002，这时界面下部软键发生变化，出现了 [DNC-ST] 软键。

6）按 [DNC-ST] 软键完成程序输入，可以看到输入的程序显示在"DNC 文件名："提示处，同时该程序处于程序列表的最上部。

7）按 循环启动 键，系统开始进行 CF 卡上指定程序的 DNC 运行。

图 3-23　CF 卡 DNC 运行的操作步骤

> **注意**
> 1）用于在线加工的数控程序的格式必须规范，即程序的头尾必须有程序开始和结束符"％"。
> 2）使用 CF 卡进行 DNC 加工比通过 RS232 接口用计算机存储加工程序进行 DNC 加工更加安全、可靠，所以在实际中应用较为广泛。

3.5 程序的试运行

程序试运行是数控加工中常用的检查加工程序的方法之一，通过程序检查可以验证所编写的加工程序是否能够按照人们的意愿操纵机床。数控机床为程序检查提供了机床锁住、进给速度倍率、快速移动倍率、空运行和程序单段运行等方法。

3.5.1 机床锁住运行

在机床锁住状态下执行加工程序时，系统仅执行程序进给轴并不运动。锁住运行虽然停止向伺服电动机输出脉冲，但依然在进行指令分配，绝对坐标和相对坐标等均得到更新，操作者可以通过观察屏幕上的位置变化等来检查指令编制是否正确。该功能常用于加工程序的指令和位移值的检查。

（1）机床锁住运行的操作步骤　如图 3-24 所示，操作步骤如下。

1）在编辑方式下调出待运行的程序。
2）按 自动 方式键，指示灯亮，自动方式有效。
3）按机床操作面板上的机床 锁住 键，指示灯亮。
4）按机床操作面板上的 循环启动 键，机床处于锁住运行状态，启动加工程序。

（2）相关说明　如下所述。

1）该功能主要用于检查加工程序的编程格式或程序中是否含有语法及词法错误。机床锁住状态下运行时，M、S 和 T 指令被执行。

2）机床锁住运行状态下，显示界面除了图 3-24b 所示的位置显示界面外，还可切换为程序界面、图形界面等进行观察。

3）机床锁住运行后，必须重新执行返回参考点操作。

图 3-24　机床锁住运行
a）操作步骤　b）机床运行状态

3.5.2 机床空运行

机床空运行与锁住运行相比,增加了刀具移动轨迹验证,空运行时主轴上不能装工件,刀具移动速度由系统参数设定,不受程序中 F 指令的控制。

(1) 机床空运行的操作步骤 如图 3-25 所示,操作步骤如下。

1) 在编辑方式下调出待运行的程序。

2) 按 自动 方式键,指示灯亮,自动方式有效。

3) 按机床操作面板上的机床 空运行 键,按键指示灯点亮。

4) 按机床操作面板上的 循环启动 键启动加工程序,机床处于空运行状态。

(2) 相关说明 如下所述。

1) 该功能较锁住运行增加了刀具移动检查,可进一步检查刀具移动轨迹。

2) 空运行时刀具移动速度不受程序中 F 指令的控制。但移动速度可由快速移动速度倍率调节。

3) 在机床空运行状态下,显示界面除了图 3-25b 所示的程序检查显示外,还可切换为程序界面、图形界面等进行观察。

图 3-25 机床空运行
a) 操作步骤 b) 机床空运行状态

3.5.3 程序单段运行

单段运行是单程序段运行的简称,指每按一次 循环启动 键,CNC 系统只执行一个程序段,然后机床停止。必须再一次按 循环启动 键,才能执行下一个程序段。这种运行方式,程序的执行和刀具的移动完全可在操作者掌控的范围内,因此单程序段执行特别适用于加工程序的检查与首件试切。

(1) 单程序段运行操作步骤 如图 3-26 所示,操作步骤如下。

1) 在编辑方式下调出待运行的程序。

2) 按 自动 方式键,指示灯亮,自动方式有效。

3) 按机床操作面板上的机床 单段 键,指示灯亮。

4) 按机床操作面板上的 循环启动 键,程序将单段运行,程序段执行完后机床会自动停止。

5)重复第4)步,直至程序执行完毕。

(2)相关说明 如下所述。

1)该功能可用于工件切削加工,特别适用于首件试切检查程序。

2)单段运行时,刀具移动速度受程序中F指令的控制。

3)在机床单段运行状态下,显示界面除了图3-26b所示的程序界面显示外,还可切换为检查界面、图形界面等进行观察。

图3-26 机床单段运行

a)操作步骤 b)机床单段运行状态

3.5.4 进给速度与快速移动速度倍率调整

1. 进给速度倍率调整

(1)调整方法 手动旋转机床操作面板上的进给速度倍率调整旋钮。图3-27所示为进给速度倍率调节为50%时的示例。

(2)调整要求 自动运行之前或运行过程中均可调整。

(3)应用 可用于程序试切及加工过程中进给速度的调整。

(4)说明 100%速度倍率时,刀具的移动速度为程序中指令F指定的速度。

(5)注意 车削螺纹时,倍率旋钮无效。

图3-27 进给速度倍率调整方法

2. 快速移动速度倍率调整(图3-28)

(1)说明 快速移动速度有四挡倍率(F0、25%、50%和100%),F0速度是固定的,

100%倍率调整的速度对应G00的快速移动速度(由参数1420设定)。

(2)调整要求　自动运行之前或运行过程中均可调整。

(3)应用　可用于程序试切及加工过程中快速移动速度的调整。

(4)适用场合　如下所述。

1)G00快速移动。

2)固定循环期间的快速移动。

3)在G27、G28和G30中的快速移动。

4)手动快速移动。

5)手动返回参考点的快速移动。

图3-28　快速移动速度倍率调整
a)快速移动速度调整键　b)快速移动速度调整示例

3.5.5　程序的跳选与选择停

1. 程序跳选操作

(1)程序跳选概念回顾　程序跳选符号是一个左斜杠"/"符号,其配合机床操作面板上的 跳选 键可实现部分程序段的跳过运行。

另外,G50指令建立工件坐标系时,与刀具位置有关,其使用起来不如G54～G59方便,后者建立工件坐标系时与刀具位置无关。下面列举一个改进程序,使得G50指令建立工件坐标系时也能做到与刀具位置无关。

(2)程序示例

%	程序开始符
O0355	程序名
/N10 G28 U1.0 W1.0;	返回坐标参考点
/N20 G53 X-α. Z-γ;	刀具快速移动至对刀点
N30 G50 X100. Z100.;	G50指令建立工件坐标系
⋮	⋮
Nn-1 G00 X100. Z100.;	返回对刀点
Nn M30;	程序结束
%	程序结束符

注意

N20程序段中的$-\alpha$和$-\gamma$分别为刀具G50建立工件坐标系时起刀点相对于机床坐标参考点的X和Z坐标值。

程序分析： N10 和 N20 程序段可以保证不管刀具在什么位置，均能自动地移至 G50 建立的工件坐标系起刀点。但由于在程序结束前刀具已经返回起刀点，所以第二次执行时该两程序段已经可以不用执行了，这时可以通过程序跳选开关跳过该两程序段。读者可以仔细品味该程序执行过程，看是否能够实现 G54～G59 建立工件坐标系的功能。

（3）操作示例　如图 3-29 所示。

1）程序跳选操作步骤如下。

① 在编辑方式下调出待加工程序。

② 按 自动 键，指示灯亮。

③ 确保 跳选 键处于释放状态（指示灯熄灭）。

④ 按 循环启动 键，完整执行完一次加工程序，程序执行完后，刀具返回对刀点。

⑤ 按 跳选 键，指示灯亮，跳选方式有效。

⑥ 按 循环启动 键，跳过 N10 和 N20 程序段执行。

2）该程序在执行完一次包含 N10 和 N20 程序段的加工程序后，下次执行时就可以不用再执行程序段 N10 和 N20 了。

图 3-29　程序跳选操作示例

2. 选择停操作

（1）选择停概念的回顾　M01 指令称为选择暂停指令，又称计划停止指令，其能够使机床在程序的某一位置按操作者的要求暂停。其必须与机床操作面板上的"选择停"键配合完成。暂停指令主要用于加工过程中需要停止机床运行的操作工作，如进行工件尺寸的测量、工件的调头、手动变速等。对于不需要每一工件都执行的暂停，如工件尺寸的抽检、不定期的排屑等，可以选择计划暂停指令 M01。

（2）程序示例

%	程序开始符
O0329	程序名称
N10 T0101;	选择 1 号刀及 1 号刀补，刀具偏置建立工件坐标系
N20 G00 X100.Z100.;	快速定位至起刀点，
N30 G97 S360 M03;	设定恒转速控制，主轴正转，转速为 360r/min
N40 G42 G00 X46.5 Z0.5;	启动刀尖半径右补偿，快速移至车端面起点
N50 G99 G01 X0.5 F0.2;	设定每转进给，粗车端面，进给量为 0.2mm/r
N60 Z2.;	Z 轴向退刀
⋮	⋮（粗车加工部分）
N280 G40 G00 X100. Z100.;	取消刀尖半径补偿，快速移至换刀点

N290 T0100 M05;	取消 1 号刀补，主轴停转，粗加工完成
N300 M00;	程序暂停，手工机械换挡
N310 T0202;	选择 2 号刀及刀补，刀具偏置建立工件坐标系
N320 S1000 M03 ;	主轴正转，转速为 1000r/min
N330 G42 G00 X30. Z0	启动刀尖半径右补偿，快速定位至精车端面起点
N340 G01 X0 F0.1;	精车端面
⋮	⋮（精车加工部分）
N450 G40 G00 X100. Z100.;	取消刀尖半径补偿，快速移至换刀点
N460 T0200 M05;	取消 2 号刀补，主轴停转，精加工完成
N470 M01;	选择暂停，检验精车加工质量等
N475 T0303;	选择 3 号刀及刀补，刀具偏置建立工件坐标系
N480 S600 M03 ;	主轴正转，转速为 600r/min
N490 G00 X46.5 Z-50.;	快速定位至切断起点
N500 G01 X0 F0.05;	切断加工，进给速度为 0.05mm/r
N510 G00 X46.5;	径向快速退刀
N520 X100. Z100. ;	快速移至换刀点
N530 T0300	取消 3 号刀补
N540 M30;	程序结束

程序分析：该程序主要说明 M00 和 M01 指令的作用，如程序段 N300 用于机械换挡（用于主轴变速采取的是机械有级换挡 + 变频无级调速的调速方案），而程序段 N470 用于精车后切断前的尺寸测量，并可对下一个加工的零件进行磨损补偿设置。

（3）操作示例　如图 3-30 所示。

操作说明：按上面一条路线操作，程序运行时跳过 M01 指令。按下面一条路线操作，则程序运行至 M01 指令时（如程序示例中的 N470 程序段），机床暂停，必须再一次按程序启动键，程序才会继续执行。

图 3-30　选择停操作示例

3.6 数控程序的输入与输出

3.6.1 数控程序的输入与输出方法

数控加工程序是数控加工的重要组成部分，数控系统加工程序的输入 / 输出方法主要有三种，如图 3-31 所示。

图 3-31 程序输入 / 输出方法

方法 1：MDI 面板手工键入加工程序，其输出形式为显示方式，这是最基本的输入方法。
方法 2：CF 卡输入 / 输出。
方法 3：RS232C 接口与计算机通信传输。

> **注意**
> 后两种方法必须进行 I/O 通道等参数的设置。

3.6.2 数控程序的检索、建立与删除

1. 数控程序的检索

程序的检索主要用于从数控系统存储器中众多的加工程序中快速找到所需的加工程序，或查询数控系统中有哪些加工程序等。

（1）检索所有程序号　如图 3-32 所示，操作步骤如下。

1）按 编辑 方式键，指示灯亮，编辑工作方式有效。

2）按 **PROG** 键，进入程序界面。默认显示的是上次关机前使用过的程序。

3）单击［列表］软键，进入程序目录界面，显示存储器中的程序列表及注释项，同时列表软键显示为［列表 +］。

4）单击［列表 +］软键，可进一步显示程序的容量和更新时间等，多次单击该软键可在注释与容量和更新时间界面之间相互切换。

注意事项：

1）程序检索是基于程序名称（又称程序号）进行检索的。

2）在程序目录界面中，当程序数量较多，一页界面显示不下时，可用翻页键检索。

（2）直接检索某一程序　如图 3-33 所示，操作步骤如下。

1）按 编辑 方式键，指示灯亮，编辑工作方式有效。

2）按 **PROG** 键，进入程序界面，必要时可以按［列表］软键，检查程序是否存在。

3）在输入缓冲区键入待检索的程序名。

4）按［（操作）］软键，界面下部的操作软键发生变化。

5）按［O 搜索］软键（或按 ↓ 光标移动键），切换至程序界面，并显示出检索的程序。

> **注意**
>
> 直接检索程序必须事先确保待检索的程序在 CNC 存储器中，否则需配合图 3-32 所示的方法先检索程序是否存在，然后再进行直接检索操作，这时与调用程序基本相同。

图 3-32　检索所有程序号操作示例

图 3-33　直接检索某一程序操作示例

图 3-33 直接检索某一程序操作示例（续）

（3）按顺序检索所有程序　如图 3-34 所示，操作步骤如下。

1）按 编辑 方式键，指示灯亮，编辑工作方式有效。

2）按 **PROG** 键，进入程序界面。

3）按 [（操作）] 软键，界面下部的操作软键发生变化。

4）不断按 [O 搜索] 软键即可依次显示所有程序。

图 3-34 顺序检索所有程序操作示例

（4）数控程序的调用　指将存储器中的程序调出用于零件加工。数控程序的调用可以在 自动 方式或 编辑 方式下进行，其操作方式可参阅 3.4.1 节存储器运行部分。程序的检索与程序的调用方法基本相同，仅是叫法上的不同，一般在自动方式下称为调用，而在编辑方式下则称为检索。

2. 数控程序的建立

数控程序的建立指在数控系统的存储器中登记一个加工程序。数控程序的建立可以通过 MDI 键盘手工输入，创建加工程序，仅仅是在数控系统中创建一个不包含程序主体的空的加工程序，即仅仅是对程序进行了注册，还必须通过后面介绍的程序输入方法进一步完善而成为一个完整的加工程序。另外，数控程序还可以通过从外部的存储介质（CF 卡或 PC）上传输获得。这里仅介绍 MDI 键盘手工输入，外部的存储介质传输创建程序的方法后面单独介绍。

（1）数控程序的建立　用 MDI 键盘创建程序的操作方法如图 3-35 所示，假设创建的程序名为 O0108，操作步骤如下。

1）首先确保程序保护锁被打开。

2）按 编辑 方式键，指示灯亮，编辑工作方式有效。

3）按 **PROG** 键，进入程序界面。
4）在输入缓冲区键入程序名。
5）按 **INSERT** 键，键入的程序名显示在程序界面左上角，同时，程序注册成功。
6）按 **EOB** 结束键。
7）按 **INSERT** 插入键，光标换行，进入程序输入状态。

> **注意**
> 用 MDI 键盘手工直接创建程序，程序头和尾可以不用输入符号"%"。

图 3-35　用 MDI 键盘创建程序的操作方法

说明：
1）创建程序之前必须确保程序保护开关打开。
2）输入的程序名不能与存储器中已有的程序名重复。
3）可以在程序中代码"（"和"）"之间加上注释。如"M08（COOLANT ON）"，输入的注释一同被保存。参数 3204 第 0 位的 PAR 用于设置 MDI 面板上"［"和"］"键的输入形式，当 PAR=0 时，作为"［"和"］"使用；当 PAR=1 时，作为"（"和"）"使用。

（2）顺序号的自动插入　所谓自动插入顺序号是指输入一个程序段，并按 **EOB** 键、**INSERT** 键后，缓冲区输入的程序段输入数控系统，且下一个程序段自动按增量值产生下一个程序段号，如顺序号增量设置为 10，输入 G92G00X-11.18Y10 **EOB** **INSERT**。

自动插入顺序号的参数设置有两个，参数 3216 中设置顺序号的增量值，如设置为 10，参数 0000 第 5 位 SEQ 设置为 1，即进行顺序号的自动插入（该参数也可在设定界面中设定）。设置结果如图 3-36 所示。

a)

b)

图 3-36　自动插入顺序号的参数设置
a）参数 0000 的设置界面　b）参数 3216 的设置界面

> **注意**
>
> 第一个程序段的顺序号就是顺序号的起始值。若希望第一个程序段的顺序号从 N100 开始,则在输入程序之前先将自动插入的顺序号改为 N100(用编辑键 **ALTER** 操作),则后续的程序段就是从 N100 开始,以 10 为增量自动插入顺序号。

3. 数控程序的删除

会创建程序就必须会删除程序。删除程序的方法有三种。

(1)删除一个程序　如图 3-37 所示,其操作步骤如下。

1)首先确保程序保护锁被打开。

2)按 编辑 方式键,指示灯亮,编辑工作方式有效。

3)按 **PROG** 键,进入程序界面,查找待删除的程序是否存在。

4)在输入缓冲区键入待删除程序名。

5)按 **DELETE** 键,完成一个程序的删除。

图 3-37　删除一个程序操作步骤

(2)删除全部程序和删除指定范围的程序　删除全部程序和删除指定范围的程序的操作步骤与删除一个程序基本相同,仅是键入输入缓冲区的内容不同。删除全部程序时输入的是 O-9999;而删除指定范围的程序时是输入删除范围,如 OXXXX,OYYYY(例如键入 O0000,O0016),其中 XXXX 为起始号,YYYY 为结束号。图 3-38 所示为其操作示例。

a)

图 3-38　删除全部或指定范围程序操作示例

a)删除全部程序

图 3-38 删除全部或指定范围程序操作示例（续）

b）删除指定范围内的多个程序

> **注意**
>
> 同创建程序一样，删除程序之前必须将程序保护开关打开。

3.6.3 数控程序的输入

创建程序仅仅是在 CNC 系统中登记了一个数控程序，具体的程序内容还必须输入。程序的输入主要是由 MDI 面板上的相应字母、数字和编辑键等配合 LCD 显示界面进行。所用到的键及功能如图 3-39 所示。

说明：

1）输入缓冲区键入的必须是一个字、多个字或一个程序段。

2）按 **INSERT** 键，输入缓冲区中的内容输入在光标后面；按 **ALTER** 键，输入缓冲区的内容替换光标所在位置的内容；按 **DELETE** 键，删除光标所在位置的内容。后两个键主要用于程序的编辑。

图 3-39 程序输入常用键功能

图 3-40 所示为程序编辑界面中 N10 程序段的输入示例。程序输入的方法有三种：

图 3-40　程序输入示例

1）逐字输入，即每输入一个字按 **INSERT** 键，最后按 **EOB** 键和 **INSERT** 键完成程序段输入。

2）多字输入，即输入若干字后按 **INSERT** 键，最后按 **EOB** 键和 **INSERT** 键完成程序段输入。

3）程序段输入，即输入程序段所有的字后，按 **EOB** 键和 **INSERT** 键完成程序段输入。

3.6.4　数控程序的编辑

程序编辑是程序输入和修改过程中不可回避的操作，其内容包括字的检索、插入、修改（又称替代）和删除等。程序的编辑与输入一样，是以字为最小单位进行的。

1. 字的检索

字的检索方法有三种：移动光标检索（即扫描检索）、字检索和字地址检索。

（1）扫描检索　如图 3-41 所示，检索之前，首先进入程序编辑界面，然后开始检索，操作步骤如下。

图 3-41　扫描检索操作

1)按光标移动键→（←）一次，光标在屏幕上向前（向后）逐字移动，光标在被选择字处高亮显示。

2）持续按住光标键→（←），则连续扫描字。

3）按光标键↓（↑）一次，光标移动至下（上）一个程序段的第一个字。

4）持续按住光标键↓（↑），则光标连续移动到下（上）一个程序段开头。

5）按翻页键↓PAGE（↑PAGE）一次，显示下（上）一页并检索到该页的第一个字。

6）持续按住翻页键↓PAGE（↑PAGE），则向下（上）一页接一页地持续显示。

（2）具体字的检索　如图3-42所示，操作步骤如下。

1）按**编辑**键、**PROG**键和［（操作）］软键，进入图3-42所示程序界面。

2）在输入缓冲区键入待检索的字，如T0101。

3）按［搜索↓］或［搜索↑］软键，光标迅速移到检索的字处（［搜索↓］和［搜索↑］分别是向下和向上检索）。

图3-42　具体字的检索操作

提示： 一般先按复位键将光标移至程序头，然后只需按［搜索↓］软键即可。

字检索时的注意事项如下。

1）字的检索是以完整字进行，否则检索不到。例如要检索S1500、M03、X150时仅键入S15、M3、X150时均检索不到。

2）软键［搜索↓］和［搜索↑］分别是从光标当前位置向下和向上检索。

3）在检索时，可按光标移动键↓和↑代替软键［搜索↓］和［搜索↑］。

（3）字地址的检索步骤　如图3-43所示，要求用字地址检索M指令，其操作步骤如下。

1）按**编辑**键、**PROG**键，进入程序界面。

2）按［（操作）］软键，进入程序编辑操作界面。

3）在输入缓冲区键入待检索的字地址，如M。

4）按［搜索↓］软键，光标向下搜索并停留在第一个检索到的含地址M的字上（若按［搜索↑］软键，则是向上搜索，具体选择取决于光标的当前位置）。

> **注意**
>
> 一般先按复位键将光标移至程序头，然后只需按［搜索↓］软键即可。

图 3-43 字地址的检索操作

（4）检索无结果　如果在当前选择的程序中没有找到要检索的字或地址，则产生 P/S 报警（参数 071），如图 3-44 所示。

图 3-44 字或地址检索无结果报警

a）报警提示　b）报警号及报警信息

2. 光标指向程序头

光标指向程序头就是将光标移到程序的起始位置。在程序编辑以及程序运行时常常用到这个功能。光标指向程序头的方法有三种。

（1）程序复位法　任何时候按 RESET 键均可实现光标返回程序头，如图 3-45 所示的操作步骤。

1）按 编辑 方式键，指示灯亮，编辑工作方式有效。

2）按 PROG 键，进入程序编辑界面。

3）按光标移动键移动光标离开程序头至任意位置。

4）按 RESET 键，光标立即返回程序的开始处，并显示从头开始的程序内容。

> 注意
>
> 在自动方式下也有效。

图3-45 程序复位法返回程序头操作

（2）[返回] 软键操作法 如图3-46所示，操作步骤如下。

1) 按 编辑 方式键，指示灯亮，编辑工作方式有效。
2) 按 PROG 键，进入程序编辑界面。
3) 按光标移动键移动光标离开程序头至任意位置。
4) 按 [（操作）] 软键，进入程序编辑操作界面，可以看到界面底部的软键发生变化。
5) 按 [返回] 软键，光标快速移到程序头。

> **注意**
> 自动方式下也有效。

图3-46 [返回] 软键操作法返回程序头操作

（3）程序号检索法 如图3-47所示，操作步骤如下。

1) 按 编辑 方式键，指示灯亮，编辑工作方式有效。
2) 按 PROG 键，进入程序编辑界面。
3) 按光标移动键移动光标离开程序头至任意位置。

4）按［（操作）］软键，进入程序编辑操作界面，可以看到界面底部的软键发生变化。

5）在输入缓冲区键入程序名，如本例的 O0003。

6）按［O 搜索］软键，光标快速移到程序头。

图 3-47　程序号检索法返回程序头操作

> **注意**
>
> 在自动方式下也有效。

3. 字的插入

如图 3-48 所示，假设要求在 M03 后面插入 T0101，其操作步骤如下。

1）按 编辑 键和 PROG 键，进入程序界面。

2）用前面介绍的字检索法将光标移至待插入字的前面一个字处，如图 3-48 中的 M03。

3）在输入缓冲区键入待插入的内容，如 T0101。

4）按 INSERT 键，即可在程序界面上看到插入的字，如 M03 后面可看到插入的 T0101。

图 3-48　字的插入操作

4. 字的修改

修改字在这里就是替换 ALTER 编辑功能。如图 3-49 所示，假设要求将 G50 修改为 G54，其操作步骤如下。

图 3-49 字的修改操作

1）按 编辑 键和 PROG 键，进入程序界面。
2）用前面介绍的字检索法将光标移至待修改字处，如图 3-49 中的 G50。
3）在输入缓冲区键入待替换的内容，如 G54。
4）按 ALTER 键，即可在程序界面上看到替换的字，如 G50 替换为 G54。

5. 字的删除

如图 3-50 所示，要求将程序段 N280 中的 M05 删除，其操作步骤如下。

1）按 编辑 键和 PROG 键，进入程序界面。
2）用前面介绍的字检索法将光标移至待删除字处，如图 3-50 中的 M05。
3）按 DELETE 键，即可在程序界面上看到字被删除，如 M05 被删除了。

图 3-50 字的删除操作

6. 删除程序段

若要删除一个或多个程序段，逐字删除显然不方便，系统提供了删除程序段功能。

（1）用顺序号检索要删除程序段　首先必须检索到程序段。程序段的检索一般是检索程序段顺序号。顺序号检索字在编辑方式下与自动方式下略有差异，前者相当于检索字，后者则是检索整个程序段。图 3-51 所示为程序段检索操作示例。

图 3-51a 为编辑方式下检索程序段，要求检索程序段 N60，其操作步骤如下。

1）按 编辑 键和 PROG 键，进入程序界面。
2）按 ［（操作）］软键，进入程序编辑操作界面，可看到下部软键发生变化。
3）在输入缓冲区输入待检索的程序段序号，如图 3-51a 中的 N60。
4）按 ［搜索↓］软键，可看到光标快速移动至检索的程序段 N60 处。

图 3-51b 为自动方式下检索程序段，要求检索程序段 N110，其操作步骤如下。

1）按编辑键和 **PROG** 键，调出程序 O0003。

2）按自动键，进入自动方式程序界面。

3）按［（操作）］软键，进入操作界面，可以看到其中有一个［N 搜索］软键，其是用于顺序号搜索的。

4）在输入缓冲区键入待检索的顺序号，如 N110，然后按［N 搜索］软键。

5）CNC 系统逐行快速搜索，并停留在搜索到的程序段上，如图 3-51b 中的 N110 程序段。

检索无结果将产生报警，报警的结果如下。

1）若在编辑方式下检索顺序号，当检索不到所需的顺序号，则 P/S 报警（参数 071），参见图 3-44。

2）若在自动方式下检索不到所需的顺序号时，则产生 P/S 报警（参数 060），如图 3-51c 所示。

图 3-51 程序段检索的操作步骤

a）编辑方式下顺序号检索　b）自动方式下顺序号检索

图 3-51 程序段检索的操作步骤（续）

c）自动方式下检索无结果报警

（2）删除一个程序段 是指从当前的程序段顺序号字位置到下一个 EOB 之间的内容被删除，删除后光标移动到下一个程序段的顺序号上。图 3-52 所示为删除程序段 N290 的操作步骤，其叙述如下。

1）按 编辑 键和 PROG 键，进入程序界面。

2）按图 3-51 方式检索待删除程序段序号，如 N60 程序段顺序号。

3）在输入缓冲区输入待删除的程序段序号及 EOB 键，如图 3-52 中的 N290 EOB 。

4）按 DELETE 键，删除程序段 N290，后面程序段顺序上移，光标停留在 N300 程序段顺序号上。

图 3-52 删除一个程序段的操作

（3）删除多个程序段 是指从当前显示的程序段到指定顺序号的程序段之间的程序段全部删除。图 3-53 所示为删除程序段 N70～N90 之间的程序段操作示例，其操作步骤如下。

1）按 编辑 键和 PROG 键，进入程序界面。

2）按图 3-51 方式检索到待删除多个程序段起始程序段序号，如 N70。

3）在输入缓冲区输入待删除多个程序段最后一个程序段序号及 EOB 键，如图 3-53 中的 N90 EOB 。

4）按 DELETE 键，删除程序段 N70～N90，后面程序段顺序上移，光标停留在 N100 程序段处。

⚙ 注意

当删除的程序段太多时，会产生 P/S 报警（参数 071），此时，可减少一些要删除的程序段数。

图 3-53 删除多个程序段的操作

3.6.5 数控程序的编辑功能扩展

本节介绍的功能可对 CNC 存储器中的程序进行复制、移动、合并以及字和地址的替换等操作。下面以一个具体程序为例，介绍其操作过程。

1. 示例程序

```
%                              程序开始符
O0003                          程序名
N10G50X100.0Z100.0;
N20S600M03;
N30T0101;
N40G00X30.0Z2.0;
N50G01X-1.0F100;
N60G00X30.0;
N70G71U3.0R2.0;                部分复制、移动开始程序段
N80G71P90Q170U0.4W0.2F80;
N90G00X0.0;
N100G01Z0.0F50;
N110G03X10.0Z-5.0R5.0;
N120G01Z-20.0;
N130X16.0Z-30.0;
N140Z-40.0;
N150X20.0;
N160X22.0Z-41.0;
N170Z-54.0;                    部分复制、移动和合并终点程序段
N180G00X100.0Z100.0T0101;
N190T0404;
N200G00X30.0Z20.0;
N210G70P90Q170;
N220G00X100.0Z100.0T0400;
N230T0202;
N240S500;
N250G00X24.0Z-54;
N260G01X-0.1F50M08;
N270G04X5.0;
N280G00X100.0Z100.0T0200;
N290M30;
%                              程序结束符，程序末端
```

2. 复制整个程序（图 3-54）

（1）概念 复制整个程序就是建立一个内容完全相同的新程序，如图 3-54a 所示。复制新程序，不改变原程序的内容。

（2）操作要求 以上面介绍的程序 O0003 为基础，复制一个完全相同的程序名为 O3003 的新程序。

（3）操作步骤 如图 3-54b、c 所示。

1）按 编辑 键和 PROG 键，进入程序界面，例图 3-54b 检索出 O0003 加工程序。

2）按［(操作)］软键，进入程序操作界面。

3）按继续菜单▶键，程序操作界面翻页，找到具有［EX-EDT］软键的界面。

4）按［EX-EDT］软键，进入程序编辑功能扩展界面。在程序编辑功能扩展界面中可以看到下部的软键包括［复制］、［移动］、［合并］和［替换］四个，这正是程序扩展的四个功能。

5）按［复制］软键，进入程序复制界面。

6）按［全部］软键，选择复制整个程序。

7）在输入缓冲区键入新程序名，如本例的 3003（这里输入的新文件名不包括大写字母 O）。

8）在 MDI 面板上按 INPUT 键，将缓冲区的新文件输入完成。

9）按［执行］软键，完成整个程序的复制。

（4）复制结果 如图 3-54d 所示。

1）复制完成后，界面显示的是新复制出来的程序，光标停留在新程序名上。

2）复制完成后，可进入程序列表界面，检索程序目录中是否有新复制的程序存在。

图 3-54 复制整个程序操作示例

a）复制整个程序的概念 b）进入程序编辑功能扩展界面的操作过程

图 3-54 复制整个程序操作示例（续）

b）进入程序编辑功能扩展界面的操作过程　c）复制整个程序的操作过程　d）复制整个程序的结果及查询

3. 复制部分程序（图 3-55）

（1）概念　复制部分程序就是建立一个内容是源程序中一部分的新程序，这个新程序可以是中间一段或从中间的某个部分至结尾处的一段，如图 3-55a 所示。复制新程序，不改变原程序。

（2）操作要求　以上面介绍的程序 O0003 为基础，复制一个程序名为 O3013、内容为 N70～N170 程序段的新程序和一个程序名为 O3023、内容为 N70 至程序结尾的新程序。

（3）部分程序复制不到终点的操作步骤　如下所述，其 5）～9）步操作参见图 3-55b。

1）～4）执行复制整个程序操作步骤的第 1）～4）步，如图 3-54b 所示。

5）将光标移至部分复制起点（起始程序段的顺序号处），按［复制］软键。

6）按［起点］软键，完成部分程序的起点设置。

7）将光标移至部分复制程序的终点（部分复制最后一个程序段的最后处），按［终点］软键，完成部分程序的终点设置。

8）在输入缓冲区输入新程序名（不包括大写字母 O），如本例的 3013，按 INPUT 键，完成新程序名的输入。

9）按［执行］软键，完成部分程序的复制。

（4）部分程序复制至终点操作步骤　部分程序复制至终点的操作步骤与不到终点的操作步骤基本相同，仅是终点的选择不同，参见图 3-55c 所示，具体步骤如下。

1）～6）执行部分程序复制不到终点操作步骤的第 1）～6）步。

7）按［末端］软键，完成部分程序的末端设置。

8）～9）执行部分程序复制不到终点操作步骤的第 8）、9）步。

（5）复制结果　如下所述。

1）图 3-55d 所示为复制部分程序不到终点的复制结果。复制完成后，光标停在新程序程序名处，同时可以看到新程序的第 1 段和最后 1 段正是前面所选择的起点和终点程序段。

2）复制部分程序至末端的结果与上述结果基本相同，仅是新程序的最后一段是原程序的最后一段。

3）复制完成后，进入程序列表界面，可检索到程序目录中增加了新复制的程序，如图 3-55e 所示。

图 3-55　复制部分程序

a）复制部分程序的概念

b)

c)

图 3-55 复制部分程序(续)

b) 部分程序复制不到终点的操作 c) 部分程序复制至终点的操作过程

图 3-55 复制部分程序（续）

c）部分程序复制至终点的操作过程　d）部分程序复制不到终点的结果　e）程序目录界面中的新增程序

4. 移动部分程序（图 3-56）

（1）概念　移动部分程序就是将程序中的一部分移出建立一个新程序，同时原程序被移出的那部分不存在了，如图 3-56a 所示。显然，移动部分程序改变了原程序。

（2）操作要求　以图 3-54 中复制出的新程序 O3003 为对象，将程序段 N70～N170 移出建立一个程序名为 O3033 的新程序。注意到移动操作后，原程序发生了变化。

（3）操作步骤　如图 3-56b 所示。

1)～4) 执行复制整个程序操作步骤的第 1)～4) 步，如图 3-54b 所示。

5)将光标定位至移动部分程序的起点(起始程序段的顺序号处),按[移动]软键。

6)按[起点]软键,完成移动部分程序的起点设置。

7)将光标定位至移动部分程序的终点(移动部分最后一个程序段的最后处),按[终点]软键,完成移动部分程序的终点设置。

8)在输入缓冲区输入新程序名(不包括大写字母O),如本例的3033,按**INPUT**键,完成新程序名的输入。

9)按[执行]软键,完成移动部分程序的操作。

(4)移动部分结果 如图3-56c、d所示。

1)移动部分的新程序与复制部分的新程序基本相同。

2)调出原程序(O3003)可以看出原程序发生了改变,移出的程序段不存在了,如图3-56c所示。

3)进入程序列表界面,可以看到新移动的程序(O3033)的存在,如图3-56d所示。

图3-56 移动部分程序

a)移动部分程序的概念 b)移动部分程序的操作过程

b)

c)

d)

图 3-56 移动部分程序（续）

b）移动部分程序的操作过程　c）移动部分程序的原程序变化　d）移动部分程序后的查询

5. 合并程序（图 3-57）

（1）概念　合并程序是在当前程序的任意部分插入另一个程序合并为一个新程序，如图 3-57a 所示。显然，合并程序改变了当前程序。

（2）要求　将图 3-56 中移动部分程序后少了程序段 N70～N170 的程序 O3003，在原来位置上将移出的新程序 O3033 合并还原成为移动之前的程序。

（3）操作　步骤如下（图 3-57b）。

1）调出图 3-56 中移出程序段 N70～N170 的程序 O3003 为当前程序（注：练习操作前可以按图 3-54 的方法备份一移除后的程序 O3003）。

2）按［合并］软键，进入合并程序操作界面。

3）将光标移动至插入位置的终点处，按［终点］软键，完成合并位置设置。

4）在输入缓冲区键入待插入的程序名（不包括大写字母O），如本例的3033，按 **INPUT** 键，完成待输入程序的指定。

5）按［执行］软键，完成合并操作。

（4）结果说明　合并操作完成后可以看到当前程序与移动之前的程序相同。

a)

b)

图 3-57 合并程序

a）合并程序的概念　b）合并程序的操作过程

6. 字和地址的替换（图3-58）

（1）概念　字和地址的替换功能可替换一个或多个指定的字，可替换程序文本中指定字的全部，也可替换文本中某些位置的指定字。

（2）操作前准备　将前面介绍的程序O0003复制一个O3003的程序，并将其中的尺寸字Z100.0替换为Z150.0。

（3）按 [替换] 软键的操作　如图3-58a所示。

1）按 编辑 键和 **PROG** 键，进入程序界面，检索出O3003加工程序。

2）按 [（操作）] 软键，进入程序操作界面。

3）按继续菜单键▶，程序操作界面翻页，找到具有 [EX-EDT] 软键的界面。

4）按 [EX-EDT] 软键，进入程序编辑功能扩展界面。

5）按 [替换] 软键。

6）在输入缓冲区键入替换前的字，如本例的Z100.0，并按下 [之前] 软键，完成替换前字的输入。

7）在输入缓冲区键入替换后的字，如本例的Z150.0，并按下 [之后] 软键，完成替换后字的输入，进入替换操作界面。

在替换操作界面中，光标停留在第1个Z100.0处，下部有三个软键——[跳转]、[EX-SGL] 和 [执行]，分别用于逐字检索、逐字替换和全部替换。

（4）按 [跳转] 软键的操作　如图3-58b所示。

1）按第1次 [跳转] 软键，光标检索并停留在下一个替换前的字Z100.0处。

2）按第2次 [跳转] 软键，光标检索并停留在下一个字Z100.0处。

3）按第3次 [跳转] 软键，光标检索并停留在下一个字Z100.0处。

4）按第4次 [跳转] 软键，未检索到之前的字Z100.0，检索完毕，光标停留在程序结束处。

从操作过程可以看出，[跳转] 软键的功能相当于逐字的检索，直至检索完毕后光标停留在程序结束符上。

（5）按 [EX-SGL] 软键的操作　如图3-58c所示。

1）按第1次 [EX-SGL] 软键，替换当前光标处的字为Z150.0，光标检索并停留在下一个字Z100.0处。

2）按第2次 [EX-SGL] 软键，替换当前光标处的字为Z150.0，光标检索并停留在下一个字Z100.0处。

3）按第3次 [EX-SGL] 软键，替换当前光标处的字为Z150.0，光标检索并停留在下一个字Z100.0处。

4）按第4次 [EX-SGL] 软键，未检索到之前的字Z100.0，检索替换完毕，光标停留在程序结束符上。

（6）一次性地替换全部字操作　按 [执行] 软键，可一次性地替换全部字，替换后光标停留在程序结束符上，如图3-58d所示。

图 3-58 字的替换

a）按［替换］软键进行字替换操作　b）按［跳转］软键后逐字检索

图 3-58 字的替换（续）

b）按［跳转］软键后逐字检索　c）按［EX-SGL］软键后逐字检索并替换

图 3-58 字的替换（续）

d）按［执行］软键后一次性全部替换

> **注意**
>
> 1）替换前或替换后最多可指定 15 个字符（不能指定 16 个或更多字符）。
> 2）替换前或替换后的字必须用地址字符开始（否则发生格式错误）。
> 3）当程序较长且替换的字或地址较多时，利用此功能比用 MDI 面板上的 **ALTER** 替换键逐个替换要快捷、方便。

3.6.6 程序的后台编辑

所谓程序的后台编辑，就是在一个程序编辑或执行期间可以对另一个程序进行普通的编辑。后台的编辑会保存在前台编辑的存储器中，在退出后台编辑后依然存在。程序的后台编辑步骤如图 3-59 所示。

（1）操作练习前的准备 以 O3003 为基本程序，复制整个程序为 O3203 作为后台编辑程序。

（2）操作步骤 如图 3-59a 所示。

1）按 **编辑** 键和 **PROG** 键，进入程序界面，调出 O3003 程序。

2）按［（操作）］软键，进入程序操作界面。

3）按［BG-EDT］软键，进入后台编辑程序界面。

4）在后台编辑界面的输入缓冲区键入 O3203，按光标移动键 ↓，调出程序 O3203 作为后台编辑程序。

5）在后台编辑界面中，后台编辑程序 O3203 的 N20 程序段中的 S600 为 S500（用替换编辑键 **ALTER** 操作）。

6）按［BG-END］软键，退出后台编辑状态。

7）在前台工作方式下，重新调出后台编辑过的程序 O3203，可以看到后台编辑过的部分仍然存在。

（3）后台编辑期间的报警 如下所述。

1）后台编辑期间发生的报警不会影响前台操作。同样，前台执行期间发生的报警也不会影响后台编辑。

2）后台编辑期间，若企图编辑前台操作或执行的程序，则发生后台编辑报警 B/S（参数140），后台编辑状态下调用前台编辑的程序也产生报警，如图3-59b所示。相反，前台操作期间企图选择一个后台编辑状态下的程序（通过子程序调用或用外部信号对程序号检索操作），在前台操作中也会发生P/S报警（参数059、078）。

3）后台编辑的报警与前台的完全相同，但后台编辑的报警显示在后台编辑界面的数据输入行，如图3-59b所示。

图3-59 程序的后台编辑

a）后台编辑操作步骤 b）后台编辑期间的报警

3.6.7　RS232 通信传输程序输入

RS232 通信传输程序输入是指将存储在计算机（PC）上的数控程序通过 CNC 系统的 RS232 通信口与计算机通信的方式传入 CNC 系统。其与 DNC 加工使用的传输线及传输软件是一样的。RS232 通信传输程序输入的操作步骤如图 3-60 所示。

（1）操作练习前的准备　如下所述。

1）准备一根数据传输线，如图 3-3 所示。

2）准备一款数控程序传输软件。

3）机床和计算机处于关机状态下连接好数据传输线。

4）设置好机床的通信参数（I/O 通道为 1 和波特率相等）及通信软件的通信参数。

5）准备好数控加工程序，要求格式完整，包括程序开始和结束符"%"。

（2）操作步骤　如图 3-60 所示。

1）按 编辑 键和 **PROG** 键，进入程序界面。

2）按［列表］软键，进入程序目录界面，查询现有程序名，新传入的程序不能与现有程序名相同。

3）按［（操作）］软键。

4）按继续菜单键▶，找到有［读入］软键的界面。

5）在输入缓冲区键入新传输进来的程序名，该程序名可以与计算机侧的程序名不相同，但不能与 CNC 系统中现有的程序名相同。然后按［读入］软键。

6）按［执行］软键，可以看到界面右下角出现闪烁的"LSK"，表示数控机床侧已经做好了接收程序的准备。

7）用数控传输软件从计算机侧发送数控程序，可以看到闪烁的"LSK"变成了闪烁的"输入"字样，表示程序正在传输。

8）当闪烁的"输入"字样消失，表示程序传输结束，LCD 显示界面上可以看到传输进来的程序，其程序名为第 5）步键入的名字，内容为计算机上的程序。通过程序列表界面还可以检索到新传输程序的存在。

> **注意**
>
> 同创建程序一样，程序传输之前必须将程序保护开关打开。

图 3-60　RS232 通信传输程序输入的操作步骤

图 3-60　RS232 通信传输程序输入的操作步骤（续）

3.6.8　存储卡程序传输输入

存储卡程序传输就是将计算机上的数控程序通过 CF 卡和 PCMCIA 转接卡传送给 CNC 系统。这种方法类似于广泛使用的 U 盘，其程序传输可靠，现场无传输线，显得非常简洁，应用广泛。存储卡程序传输输入的操作步骤如图 3-61 所示。

（1）传输前的准备　如下所述。

1）将待传输的程序存入存储卡中，如本例的程序 O0108。注意程序的格式必须完整，包括开始符和结束符"％"。

2）机床处于关机状态下插入 CF 卡。

3）把 CNC 的参数 0020 设为 4（即 I/O 通道设置为 4）。

（2）操作步骤　如图 3-61 所示。

1）按 编辑 键和 **PROG** 键，进入程序界面。

2）按继续菜单键 ▶，找到具有［卡］软键的界面。

3）按［卡］软键，进入存储卡程序目录界面，找到待传输的文件，记住程序编号。

4）按［（操作）］软键。

5) 按 [F 读取] 软键，进入传输文件号与程序名设定界面。

6) 在输入缓冲区键入存储卡上的文件编号（前 0 可省略），按 [F 设定] 软键，完成读取文件的设定。

7) 在输入缓冲区键入新存储的文件名（不包含大写字母 O，前 0 可省略），可以与卡 CF 上的文件不同，但不能与 CNC 上现有的文件名重名。按 [O 设定] 软键，完成存储程序名的设定。

8) 按 [执行] 软键，开始程序传输输入。传输时，界面右下角出现短暂的闪烁的 "LSK" 表示传输准备好，很快转为闪烁的 "输入" 字样，表示正在传输，传输结束后，"输入" 字样消失。

9) 按 **PROG** 键进入程序界面，可以看到刚传输输入的程序 O0358 为当前程序。

10) 按 [列表] 软键，进入程序目录界面，可检索到新传入的程序。

> **注意**
>
> 同创建程序一样，程序传输之前必须将程序保护开关打开。

图 3-61 存储卡程序传输输入的操作步骤

第 3 章 数控车床的基本操作

图 3-61 存储卡程序传输输入的操作步骤（续）

3.7 功能键 POS 显示界面

功能键 POS 上的 POS 是 Position 的缩写，意为"位置"。启动数控机床后，按功能键 POS，可进入位置显示界面，如图 3-62 所示，默认进入的是绝对坐标显示界面。坐标显示界面说明如下。

1）数控车床的位置显示主要有绝对坐标、相对坐标和综合坐标三种。

2）位置显示界面的下部还显示了实际进给速度（ACT.F）、运行时间、循环时间、加工件计数等。

3）通过位置显示界面还能进入机床运行监控界面，详见下面的介绍。

a) b)

图 3-62 位置显示界面

a）绝对坐标显示　b）相对坐标显示

c)

图 3-62 位置显示界面（续）

c）综合坐标显示

3.7.1 绝对坐标位置显示

1. 绝对坐标位置显示的概念

在 1.3 节曾经介绍过数控车床坐标轴与坐标系的概念。下面通过图 3-63 来介绍位置显示界面中各坐标的含义。

图 3-63 各坐标显示的关系

绝对坐标显示的是刀具当前位置相对于某一固定坐标原点的坐标。机床启动后首先必须返回参考点，而参考点相对于机床原点的位置是由机床厂家确定而固定的，这样就建立了机床坐标系，显示界面中显示的机床坐标系实际上是以参考点为原点的坐标系，所以这里称其为机床坐标系。事实上，机床原点的位置是由机床厂家确定的，若其定在参考点上，则可认为机床厂家定义的机床坐标系与数控系统返回参考点建立的机床坐标系是重合的。

数控编程和加工时使用参考点确定的机床坐标系显然不方便，实际中常常设定一个工件坐标系，一旦工件坐标系设定后，程序中的位置坐标就是相对于工件坐标系而言的。

明白了上面两个概念后,我们来理解绝对坐标显示的概念。

当机床返回参考点但未建立工件坐标系之前,绝对坐标显示的是刀具当前位置相对于参考点的坐标值。数控机床的绝对坐标用 X、Z 表示,如图 3-63 中的 X_1、Z_1 和 X_2、Z_2 分别为点 1 和 2 的绝对坐标界面显示值。从参考点的位置可以看出,此时的绝对坐标一般是负值,如图 3-64a 所示。

当机床建立了工件坐标系后,绝对坐标显示的就是刀具当前位置相对于工件坐标系原点的坐标值。如图 3-63 中,当刀具在点 1 处执行了 G50 X(X_{1w}) Z(Z_{1w}); 指令建立了工件坐标系后,则 X_{1w}、Z_{1w} 和 X_{2w}、Z_{2w} 分别为点 1 和 2 的绝对坐标界面显示值。绝对坐标在程序的运行中大部分情况下显示的是工件坐标值。图 3-64b 所示为执行了 G50 X100.0 Z100.0; 之后的绝对坐标显示。

2. 绝对坐标显示操作步骤

图 3-64a 为绝对坐标显示操作步骤图解,其操作步骤如下。

1)按 **POS** 键,进入位置显示界面。
2)按[绝对]软键,进入绝对坐标显示界面。

坐标显示相关说明如下:

1)开机启动后第一次按 **POS** 键一般进入的是绝对坐标位置界面。
2)连续按 **POS** 键,界面会在绝对、相对和综合之间切换。
3)在刀具移动的程序段执行过程中,绝对坐标值是不断变化,逐渐靠近终点坐标值的。

图 3-64b 为坐标显示界面中各种显示信息及位置说明图解,其内容包括:

1)左上角提示当前为绝对坐标位置显示界面。
2)右上角提示当前程序名及程序段序号。
3)中部显示的是坐标轴及坐标值。
4)中下部显示的是实际进给速度、运行时间、循环时间、加工件计数等其他信息。
5)下部有三个坐标显示切换软键。

图 3-64 相关说明,图 a 是返回参考点但未建立工件坐标系之前机床坐标系下的绝对坐标显示,图 b 是运行了 G50 X100.0 Z100.0 后工件坐标系下的绝对坐标显示。

a)

b)

图 3-64 绝对坐标显示操作步骤

a)操作步骤 b)界面构成

说明：

1）参数 3104 第 6 位（DAL）和第 7 位（DAC）可用于选择显示值是否包括刀具偏置值和刀尖半径补偿值。默认情况下，一般设置为不包括刀具偏置值和刀尖半径补偿值。

2）机床开机时显示的值是不确定的，返回坐标参考点后显示的值是相对机床参考点后的绝对坐标，建立了工件坐标系后显示的值是相对于机床坐标系原点的绝对坐标。

3.7.2 相对坐标位置显示

1. 相对坐标位置显示的概念

相对坐标系的坐标原点可以是刀具移动范围内的任意一点，这个点可由操作者进行设定，并可多次设定，其仅影响相对坐标显示，对绝对坐标没有任何影响。相对坐标系（相对坐标原点）一旦设定，直到下一次设定之前一直有效，其相对坐标值均是以这个坐标系为参照系的。开机返回坐标参考点后默认的是参考点。以图 3-63 为例，若开机后未设定相对坐标系，则点 1 的相对坐标为 $U=U_1$，$W=W_1$、点 2 的相对坐标为 $U=U_1+U_2$、$W=W_1+W_2$。若刀具在位置 1 时重新设定点 1 为相对坐标系原点（即将 U 和 W 归零），则刀具移动到点 2 时，其相对坐标为 $U=U_2$、$W=W_2$。

从上述介绍可以看出，相对坐标与编程过程中谈到的刀具移动指令中的增量坐标是不同的。

2. 相对坐标显示操作步骤

图 3-65 所示为相对坐标显示操作图解，其操作步骤如下。

1）按 POS 键，进入位置显示界面。

2）按[相对]软键，进入相对坐标显示界面。

相对坐标相关说明：

1）数控车削系统相对坐标显示界面中的坐标轴使用的是 U 和 W。

2）连续按 POS 键，界面会在相对、综合和绝对之间切换。

3）相对坐标系原点可由操作设定，一旦设定直到下一次设定之前始终有效。

4）在刀具移动的程序段执行过程中，绝对坐标值是不断变化，逐渐靠近终点坐标值的。

图 3-65 相对坐标显示操作步骤

3. 相对坐标值的预置（即相对坐标的设定）

相对坐标最大的特点是相对坐标系原点可以预置，这在 G50 指令建立工件坐标系时是非常有用的。相对坐标值预置包括预置一个数值和复位为 0（归零）操作，操作时可以各坐标轴单独操作，也可以一次性地将所有坐标轴归零。

（1）各坐标值单独预置　其操作步骤如下。

1）按 POS 键，进入位置显示界面。

2）按 [相对] 软键，进入相对坐标显示界面。

3）在相对坐标显示界面的输入缓冲区输入轴地址（U 或 W），可以看到指定轴的地址闪烁，同时界面切换到坐标值预置界面。

① 若欲将坐标值预置为指定值，则是在输入缓冲区输入一个值（如 U=119.256），然后按 [预置] 软键，可以看到输入的相对坐标值变为预置值，且闪烁轴地址停止闪烁。

② 若欲将坐标值设置为 0，则可直接按 [归零] 软键，则闪烁坐标轴的坐标值复位为 0（如 W=0）。

预置举例：要求将 X 轴预置为 119.256，Z 轴复位为 0。操作步骤如图 3-66 所示。

（2）所有坐标轴一次归零　其操作步骤如下。

1）按 POS 键，按 [相对] 软键，进入相对坐标显示界面。

2）按 [（操作）] 软键，进入坐标预置界面，界面下部有 [预置] 和 [归零] 两个软键。

3）按 [归零] 软键，进入所有轴复位界面，可以看到 [所有轴] 软键。

4）按 [所有轴] 软键，则可一次性地将所有轴复位为 0。

所有坐标轴一次归零的操作图解如图 3-67 所示。

图 3-66　各坐标值单独预置操作步骤

图 3-66 各坐标值单独预置操作步骤（续）

图 3-67 所有坐标轴一次归零的操作图解

3.7.3 综合位置坐标显示

综合位置坐标显示界面可以同时显示多种坐标值，包括绝对坐标、相对坐标和机床坐标，并且在 自动 或 MDI 方式下还可显示剩余移动距离（即当前程序段执行过程中的刀具移动至终点坐标尚须移动的距离）。

综合位置坐标显示操作步骤如下，操作图解如图 3-68 所示。

1）按 POS 键，进入位置显示界面。

2）按 [综合] 软键，进入综合位置显示界面。

连续按 POS 键，界面可在综合、绝对和相对之间切换。

图 3-68　综合位置坐标显示操作图解

a）操作步骤　b）显示内容　c）程序段执行过程中的瞬时界面

综合位置坐标显示界面相关说明如下：

1）相对坐标：显示相对坐标系中的当前位置。

2）绝对坐标：显示绝对坐标系中的当前位置。

3）机床坐标：显示机床坐标系中的当前位置。

4）待走量：仅在 自动 和 MDI 方式下出现，在刀具移动过程中显示刀具移动至终点尚未完成的距离。图 3-68c 是刀具移动过程中的某瞬时界面，在程序段执行过程中，所有坐标值均是不断变化的。

> 注意
>
> 在综合坐标显示界面中，也可进行相对坐标的预置操作。

3.7.4 功能键 POS 显示界面的其他功能

1. 实际进给速度显示（图 3-69）

　　　　a)　　　　　　　　　　　　b)

图 3-69　其他功能显示

a）实际进给速度为每分进给　b）实际进给速度为每转进给

> **注意**
>
> 1）参数 3402 的第 4 位（FPM）可设置系统通电时是每分进给还是每转进给。
>
> 2）在位置界面中是否显示实际的进给速度（每分进给）可由参数 3105 的第 0 位（DPF）设定。
>
> 3）实际进给速度值是各坐标轴移动方向的进给分速度的矢量合成，即
>
> $$F_{act}=\sqrt{F_X^2+F_Z^2}$$
>
> 式中
>
> 　　F_X 和 F_Z——各轴进给方向的切削进给分速度或快速移动分速度。
>
> 　　F_{act}——实际进给速度。

2. 加工件计数、运行时间和循环时间

在图 3-69 所示界面中，还显示了以下信息：

1）加工件计数（PART COUNT）：表示已加工的零件数。每当 M02、M30 或由参数 6710 设定的 M 代码被执行时，数量就加 1。

2）运行时间（RUN TIME）：表示在自动运行期间的全部运转时间，但不包括停止和进给暂停时间。

3）循环时间（CYCLE TIME）：表示一次自动运行的运转时间，但不包括停止和进给暂停时间。当在复位状态执行循环启动时它被自动预置为 0。切断电源时它也被预置为 0。

3. 运行监视界面的显示

运行监视界面可显示各伺服轴和串行主轴的负荷以及串行主轴的速度，图 3-70 所示为运行监视界面的显示的操作图解。操作步骤如下：

1）按 POS 键，进入位置显示界面。

2）按继续菜单键▶，找到具有［监视］软键的界面。

3）按［监视］软键，进入运行监视界面。运行监控界面上显示了主轴和各进给轴的负荷率以及主轴的转速（r/min）。

图 3-70　运行监控界面显示的操作步骤

3.8　功能键 PROG 显示界面

功能键 PROG 上的字母是 PROGRAM 的缩写，意为"程序"。本节分别介绍在 自动 和 MDI 方式下，按下 PROG 键后进入的程序界面及其显示的内容。

3.8.1　程序内容显示界面

功能：在 自动 （或 MDI ）方式下显示当前正在执行的程序。

显示程序内容的操作步骤如下，操作图解如图 3-71 所示。

1）按 自动 方式键，按 PROG 键，调出待执行的程序（具体参照 3.4.1 的内容）。

2）按［程序］软键，切换至自动方式下的程序画面。

3）按 循环启动 键，运行程序，程序运行期间光标停留在当前执行的程序段上。

说明：

1）若按 单段 键运行程序，则每执行完一段程序光标停下。若释放 单段 键运行程序，则程序运行期间光标随着执行程序段的变化而不断变化。程序画面右上角显示出当前执行的程序号及程序段。

2）在程序运行或停止期间，画面下部四个软键的显示画面均可随时切换观察，下同。

图 3-71　显示程序内容的操作步骤

3.8.2　程序检查界面

功能：在 自动（或 MDI）方式下显示当前正在执行的程序、刀具的当前位置和模态数据。显示程序检查画面的操作步骤如下：

1）按 自动 方式键，按 PROG 键，调出待执行的程序。

2）按［检测］软键，切换至自动方式下的程序检查界面。

3）按 循环启动 钮，运行程序，光标停留在当前执行的程序段上。

图 3-72 所示为图 3-71 单段执行至 N40 程序段的程序检查界面。

图 3-72　程序检查界面

说明：

1）从当前正在执行的程序段开始，该界面最多可显示当前程序的 4 个程序段，当前正在执行的程序段高亮显示，但在 DNC 运行期间，只显示 3 个程序段。

2）当前位置显示工件坐标系（绝对坐标）或相对坐标系中的位置和剩余移动距离，通过［绝对］软键和［相对］软键来切换绝对位置和相对位置。

3)程序检查界面最多可显示 12 个模态 G 代码。

4)自动运行期间,显示实际速度,主轴实际转数和重复次数,此外,还显示键盘输入提示符"〉_",如图 3-72 所示。

图 3-73 所示为一个检查界面的操作步骤示例,供参考。该示例按单段执行,在程序执行至 N10 时对相对坐标进行了归零操作,并演示了绝对坐标与相对坐标显示操作过程。

图 3-73 程序检查界面操作示例

3.8.3 当前程序段显示界面

功能:在 自动 (或 MDI)方式下显示当前执行的程序段内容及其模态数据。

显示当前程序段显示画面的步骤如下:

1)按 自动 方式键,按 PROG 键,调出待执行的程序。

2）按［当前］软键，切换至自动方式下的当前程序界面。

3）按 循环启动 键，运行程序，并显示当前正在执行的程序段及其模态数据。

注：该界面最多可显示 22 个模态 G 代码和 11 个当前程序段指定的 G 代码。

图 3-74 所示为图 3-71 单段执行至 N40 程序段的当前程序段显示界面。

图 3-74　当前程序段显示界面

3.8.4　下一个程序段显示界面

功能：在 自动（或 MDI）方式下显示当前正在执行的程序段和下一个即将执行的程序段。

显示下一个程序段显示界面的步骤如下：

1）按 自动 方式键，按 PROG 键，调出待执行的程序。

2）按［下一步］软键，切换至自动方式下的下一步程序画面。

3）按 循环启动 键，运行程序，并显示当前正在执行的程序段及其模态数据。

注：界面最多显示当前程序段指定的 11 个 G 代码和下一程序段指定的 11 个 G 代码。

图 3-75 所示为图 3-71 单段执行至 N40 程序段的下一步程序段显示界面。

图 3-75　下一步程序段显示界面

3.8.5 MDI 操作的程序界面

功能：显示在 MDI 方式下通过 MDI 输入的程序和模态数据。

显示 MDI 操作程序界面的步骤如下，操作示例如图 3-76 所示。

1）按 **MDI** 方式键，按 **PROG** 键，进入 MDI 程序界面，如图 3-76a 所示。

2）若未显示 MDI 界面，则按章选软键 [MDI]，进入 MDI 程序编辑界面。显示从 MDI 输入的程序和模态数据，如图 3-76b 所示。

3）按一般程序的编辑方法输入程序。

a)

b)

图 3-76　MDI 操作的程序界面

a）初始进入的界面　b）输入程序后的界面

说明：

1）当参数 3107 的第 7 位（MDL）设定为 1 时，显示模态数据，最多可显示 16 个模态 G 代码。

2）在自动运行期间，显示实际速度、主轴的实际转数（SACT）和重复次数。此外，还显示键盘输入提示符"〉_"。

3.9　EDIT 方式下按功能键 PROG 显示的界面

"EDIT"的英文含义为"编辑"，工作方式键 **EDIT** 在有的机床直接写为 编辑 键。

本节介绍编辑方式下按功能键 **PROG** 时出现的显示界面，包括使用的内存和程序清单以及显示指定组的程序清单。

3.9.1　显示使用的内存和程序清单

功能：显示记录的程序号、使用的内存和记录的程序清单。

显示使用的内存和程序清单的步骤如下，操作示例如图 3-77 所示。

1）选择 编辑 方式键，指示灯亮，编辑方式有效。

2）按 **PROG** 键，进入程序显示界面。

3）按章选 [列表] 软键，进入程序目录界面，显示程序号、使用的内存和记录的程序清单。

注：连续按［列表＋］软键可在程序列表注释界面和程序列表容量及程序更新时间界面之间相互切换

图3-77　显示使用的内存和程序清单的操作步骤

3.9.2　显示指定组的程序清单

当参数3106第1位GPL参数设置为1时本功能有效。这时CNC系统不仅能按上面的操作方式显示程序目录及大小等，还能以组为单位显示。

显示指定组程序清单的操作步骤如下，操作示例如图3-78所示。

1）按 编辑 键，指示灯亮，编辑方式有效（也可进入后台编辑方式编辑）。

2）按 PROG 键，进入程序界面。

3）按 PROG 键或［列表］软键，进入程序列表界面。

4）按［（操作）］软键，进入有［组］软键的界面。

5）按［组］软键。

6）按［（名称）］软键。

7）使用 MDI 键，输入所搜索组的字符串，程序名的长度没有严格限制，但是应注意，只有前 32 个字符有效。

例如：为搜索以字符串"GEAR-1000"开头的 CNC 程序，输入格式为：〉GEAR-1000＊。

8）按［执行］软键，显示以组为单位的程序目录界面，列出所有包含指定字符串的程序。

图 3-78　显示指定组程序清单的操作步骤

说明：

1）有关数控程序号及注释的输入方法、书写格式要求、搜索字符串通配符等的要求可参阅 FANUC 公司的操作手册。

2）在第6）步的界面上有一个［先前组］软键，用于从组程序清单界面切换至其他界面后再次显示组程序清单界面的操作。

3）若输入的字符串没有找到相对应的程序，则产生报警。

3.10 功能键 OFS/SET 显示界面

功能键 OFS/SET 中的 OFS/SET 是 OFFSET/SETING 的缩写，意为偏置／设定。功能键 OFS/SET 主要涉及的内容包括刀具偏置（补偿）值的显示与设定，工件原点偏移值或工件坐标系偏移值等的显示和设定，参数的设定允许与否设置等。

3.10.1 刀具偏置的显示与设定

刀具偏置是数控车削加工中重要的概念及设定的参数，它包括刀具的几何偏置和磨损偏置，以及刀尖半径值和理论刀尖方向号的设置等。另外，其在刀具偏置对刀建立工件坐标系以及非标准刀相对于标准刀偏置矢量的确定上都具有重要的意义。

1. 刀具偏置的显示步骤及内容

（1）刀具偏置显示的操作步骤　如图3-79所示。

1）按 OFS/SET 键。

2）按［偏置］软键，进入刀具偏置的显示界面。

3）按［外形］软键或［磨损］软键，可在外形和磨损偏置界面之间相互切换。

图3-79　刀具偏置的显示步骤及内容

a）显示操作步骤

图 3-79 刀具偏置的显示步骤及内容（续）

b）显示的内容

（2）刀具偏置界面显示

1）界面顶部标题指示进入的是外形还是磨损界面。

2）刀具的外形偏置又称几何偏置，磨损偏置又称磨损补偿。

3）刀具的偏置和磨损的概念基本相同，仅是叫法上的不同，一般外形习惯于称呼偏置，而磨损习惯于称呼补偿。

4）FANUC 0i 系统将外形和磨损分成两部分设置和管理，前者是基本的设置，后者是对其进行微量调整的设置，刀具的实际偏置量是以上两部分之和。

5）数控车削加工的刀具偏置量包括四个部分，前两个偏置量 X 和 Z 是刀具位置上的偏置值，用于调整刀具位置的变化；后两个偏置量刀尖圆弧半径 R 和理论刀尖方向号 T 是执行刀尖半径补偿指令 G41/G42 时控制刀尖圆弧半径中心轨迹的。

6）FANUC 0i Mate-TC 数控系统提供了 64 组刀具补偿存储单元，即可以使用 64 个刀具偏置号，几何偏置号用 G×× 表示，磨损偏置号用 W×× 表示。在图 3-79 的显示界面中显示的是前 8 组偏置值，按下翻页键 或上翻页键 可逐页查看。

（3）刀具偏置的设定与修改　在图 3-79 所示的刀具偏置显示界面中，按 [（操作）] 软键可进入偏置设定和修改界面，可看到界面底部的软键发生了变化，如图 3-80 所示，在该界面中可进行偏置量的设定与修改。

图 3-80 刀具偏置设定和修改界面

a）外形界面　b）磨损界面

刀具偏置设定和修改界面中各软键的作用如下：

1）［搜索］软键：用于检索 64 个偏置存储单元（FANUC 0i Mate-TC 系统有 64 个偏置存储器）中的任意一个。例如在偏置显示界面的输入缓冲区键入补偿号 10，按［搜索］软键，界面便切换到具有 NO.10 编号偏置存储器的界面上。

2）［测量］软键：用于将刀具当前位置相对于工件坐标系原点的偏置值与输入的值相减直接输入刀具偏置存储器中，输入值的格式为 X××× 或 Z×××，若输入的是 X0 或 Z0，则是将刀具当前位置的偏置值直接输入光标所在位置。应当注意的是，机床通电并返回参考点但未建立工件坐标系之前，工件坐标系与参考点处的机床坐标系是相同的。这种方法常用于刀具偏置设定工件坐标系。

3）［INP.C.］软键：用于将刀具当前位置的相对坐标值输入补偿存储器中。该软键主要用于非基准刀对基准刀偏置矢量的输入。详见下面刀具偏置量的计数器输入部分的内容，参见图 3-86。

4）［+输入］软键：用于将输入缓冲区键入的值与光标所在位置的值相加（代数和），并输入在光标所在位置处。该软键主要用于刀具补偿参数的微量修调，键入的数值可以是正值或负值。

5）［输入］软键：用于将输入缓冲区键入的值直接替换光标所在位置的值，即键入值的直接输入。主要用于刀尖圆弧半径及理论刀尖方向号的输入，也可用于刀具偏置量的直接输入。

操作软键操作练习举例。

（1）［搜索］软键操作练习示例　图 3-81 所示为利用［搜索］软键将光标快速定位至 G10 偏置量处，操作之前必须先进入刀具偏置显示界面，其操作步骤如下。

1）在输入缓冲区键入待查找的偏置号 10。

2）按［搜索］软键。

3）光标快速定位在偏置号 G10 行的 X 偏置量输入处。

图 3-81　［搜索］软键的练习图解

（2）［+输入］和［输入］软键操作练习示例　操作步骤如下，操作图解如图 3-82 所示。

1）进入刀具偏置操作显示界面，将光标定位在待修改处，如图中的偏置号 G03 的刀尖圆弧半径处。

2）在输入缓冲区键入刀尖圆弧半径值，如 0.4。

3）按［输入］软键，可以看到刀尖圆弧半径 0.4 显示在界面光标处。

4）按 → 键，将光标右移定位在理论刀尖方向号处。

5）在输入缓冲区键入理论刀尖方向号，如 2。

6）按［输入］软键，可以看到理论刀尖方向号 2 显示在界面光标处。

7）按 ← 键，将光标左移返回至刀尖圆弧半径处。

8）在输入缓冲区键入刀尖圆弧半径增加值 0.2。

9）按［+输入］软键，可以看到光标处的刀尖圆弧半径增加至 0.6。

图 3-82 ［+输入］和［输入］软键操作练习图解

2. 刀具偏置的直接输入（刀具偏置建立工件坐标系的对刀方法）

刀具偏置量的直接输入方法可以方便地将刀具当前位置相对于参考位置（刀具返回参考点时的位置）之间的偏置值作为刀具的几何偏置量直接输入刀具偏置存储器中。该方法常用于刀具偏置建立工件坐标系的加工程序中，也是偏置量显示界面中［测量］软键的应用案例。

刀具几何偏置与机床参考点之间的关系可用图 3-83 表述。假设刀尖处于试切外圆与端面交点处（图 3-83a）时，刀尖相对于参考位置处的偏置值如图 3-83b 所示，当把 X 轴坐标值与试切外圆直径相加值作为 X 偏置值，Z 轴坐标值作为 Z 轴偏置值输入 G01 号刀具偏置存储器中，在执行了刀具指令 T0101 后，T01 号刀就建立起了机床主轴轴线与端面交点为原点的工件坐标系，直到 T0100 指令出现之前一直有效。关于刀具如何处于图示的位置属于对刀的内容，可参考图 3-84 进行理解。

图 3-83 刀具几何偏置与机床参考点之间的关系
a) 刀尖处于试切外圆与端面的交点处 b) 刀尖相对于参考位置处的偏置值

下面以图 3-83 为例，利用［测量］软键将所需偏置值直接输入偏置存储器中用于建立工件坐标系。

刀具偏置直接输入的操作步骤如下，操作图解如图 3-84 所示。

1）按 **MDI** 方式键，按 **PROG** 键，进入 MDI 运行方式，输入换刀程序，按 **循环启动** 键执行换刀程序，将 T01 号刀换至工作位置。

2）按 **手摇** 方式键，在 MDI 方式下起动主轴旋转，用手轮操纵刀具移动试切工件外圆，保持 X 轴不动，Z 轴退刀至安全位置，停止主轴，测量试切外圆的直径，假设为 ϕ49.864。然后，按 **OFS/SET** 键。

3）按［偏置］软键，按［外形］软键，按［（操作）］软键，进入外形偏置设置界面。

4）确保光标定位在 G01 号刀补处，在输入缓冲区键入轴地址 X 及试切外圆测量值，如 X49.864，按［测量］软键，可以看到光标所在位置显示为 -365.916，这个值正好是刀具轴线相对于参考位置的 X 轴向偏置值。

5）重新起动主轴，手轮操纵试切端面，保持 Z 轴不动。X 轴退刀。然后按 **OFS/SET** 键（若界面没有动过，可以不进行此项操作）。

6）用 → 键将光标定位在 Z 轴偏置处，键入 Z0 并按［测量］软键，可以看到光标位置显示为 Z 轴偏置值，即工件端面相对于参考位置的偏置值。

图 3-84 刀具偏置直接输入的操作步骤

图 3-84 刀具偏置直接输入的操作步骤（续）

3. 刀具偏置的计数器输入（非标准刀相对于标准刀偏置量的输入）

刀具偏置的计数器输入可以将刀具的相对位置坐标输入刀具偏置存储器中，用于修正非基准刀相对于基准刀的安装误差，常用于多刀切削，采用 G50 或 G54～G59 指令以基准刀对刀建立工件坐标系时的非基准刀的对刀，也是刀具偏置显示和设定界面中 [INP.C.] 软键的应用示例。

基准刀（又称标准刀）对刀建立的工件坐标系，仅是确定了基准刀相对于机床的相对位置，实际加工时常常要用到多把刀具，基准刀之外的刀具称为非基准刀（又称非标准刀），其在刀架上的安装位置是随机的，因此，其转到工作位置时是不可能与基准刀重合的，如图 3-85 所示。为此，必须通过刀具偏置功能进行修正。实际上是将非基准刀刀尖相对于基准刀刀尖的偏置矢量 T_2 在 X 和 Z 轴的矢量分量 T_{2x} 与 T_{2z} 分别输入指定偏置存储器中（如图 3-85 中指定的刀补号为 02）。刀具偏置设定界面下部的 [INP.C.] 软键正是针对这个要求而设定的。

图 3-85 刀具偏置计数器输入示例

刀具偏置的计数器输入应用示例：以图 3-85 所示简图为例，假设 T01 号刀为基准刀，采用 G50 或 G54～G59 指令建立工件坐标系，通过试切外圆和端面对刀。T02 号刀为非标准刀，调用的刀具补偿号为 02 号，这里采用外形偏置存储器存储刀具偏置值。操作步骤如下，操作图解如图 3-86 所示。

（1）标准刀对刀后相对坐标归零（确定标准刀的基准位置） 如图 3-86a 所示。

1) 按 **MDI** 方式键，按 **PROG** 键，键入 T01 号刀的换刀指令，按 循环启动 键，运行程序将 T01 刀转至工作位置。

2) 按 手摇 方式键，用手轮操作试切工件外圆，保持 X 轴不动，Z 轴退刀。

3) 按 **POS** 键，按［相对］软键，进入相对位置显示界面。

4) 按轴地址 U，界面上的轴地址 U 闪烁。

5) 按［归零］软键，将 X 轴的相对坐标复位为 0。

6) 手轮操作试切端面，保持 Z 轴不动，X 轴退刀。

7) 按轴地址 W，界面上的轴地址 W 闪烁。

8) 按［归零］软键，将 Z 轴的相对坐标复位为 0。

（2）非标准刀相对于标准刀偏置矢量分量的输入 如图 3-86b 所示。

1) 按 **MDI** 方式键，按 **PROG** 键，键入 T02 号刀的换刀指令，按 循环启动 键，运行程序将 T02 刀转至工作位置。

2) 按 手摇 方式键，用手轮操纵，使 T02 号刀与试切的外圆接触，然后保持 X 轴不动，Z 轴退刀。

3) 按 **POS** 键，按［相对］软键，进入相对位置界面，这时 X 轴的相对坐标即为图 3-85 中的偏置矢量分量 T_{2x}。

4) 按 **OFS/SET** 键，分别按［偏置］软键、［外形］软键、［（操作）］软键，进入外形偏置设置操作界面。

5) 用光标移动键将光标定位至 G02 号偏置存储单元的 X 偏置处，键入地址轴 X。

6) 按［INP.C.］软键，X 轴的偏置矢量分量 T_{2x} 被输入光标所在位置（注意到在偏置设置界面中也能显示刀具相对位置，因此上面的第 3) 步可以跳过）。

7) 用手轮操作，使 T02 号刀与试切的断面接触，然后保持 Z 轴不动，X 轴退刀。

8）将光标移动至 G02 号存储单元的 Z 轴偏置处，在输入缓冲区键入轴地址 Z，按 [INP. C.] 软键，则 T02 号刀的 Z 轴偏置矢量分量 T_{2z} 被输入光标所在位置。

a)

图 3-86 刀具偏置的计数器输入操作示例

a) 标准刀对刀确定基准位置

图3-86 刀具偏置的计数器输入操作示例(续)

b)非标准刀偏置矢量分量的输入

> **注意**
>
> 用试切法对非标准刀时尽可能不要切削标准刀的试切表面。当然，少量的切到也是有可能的，对于这种情况，可在首件试切时通过工件尺寸的测量得到标准刀的偏差值，然后在相应偏置存储单元的磨损偏置设置界面上通过输入合适的磨损补偿量给予修整。尽量不要重新对刀。

4. 工件坐标系偏移的设定

当用 G50 指令或自动坐标系设定的坐标系与编程时使用的工件坐标系不同时，所设定的坐标系可被偏移，如图 3-87 所示。

示例：如图 3-88 所示，当参考点相对于工件原点的实际位置为 X=121.0（直径）、Z=69.0，设定的偏置为 X=1.0、Z=-1.0 时，则实际位置为 X=120.0、Z=70.0。

图 3-88 所示的工件坐标系偏移示例的操作步骤如下，操作图解如图 3-89 所示。

1）按 **OFS/SET** 键，进入偏置/设定界面。

2）按 2 次继续菜单键 ▶，出现［W.SHFT］软键。

3）按［W.SHFT］软键，进入工件坐标系偏置界面。

4）按［（操作）］软键，进入偏置操作界面，可以看到下部软键的变化。

5）用光标移动键将光标定位在 X 轴偏移输入处，在输入缓冲区键入 X 轴偏移值 1，按［输入］软键，界面上可以看到 X 轴偏移值被输入。

6）同理，将光标定位至 Z 轴偏移输入处，键入 Z 轴偏移值 -1，按［输入］软键，界面上可以看到 Z 轴偏移值被输入。

图 3-87 工件坐标系的偏移   图 3-88 工件坐标系偏移示例

图 3-89 工件坐标系偏移的操作步骤

图 3-89 工件坐标系偏移的操作步骤（续）

3.10.2 工件坐标系的显示与设定

通过 MDI 面板预先设置 6 个工件坐标系，并通过 G54～G59 指令选择使用是大部分数控系统所具有的功能之一。另外，这 6 个工件坐标系还可以通过外部工件零点偏移进行整体位置的改变。

1. 工件坐标系的显示

（1）工件坐标系显示的操作步骤　如图 3-90 所示。

1）按 **OFS/SET** 键，进入偏置 / 设定界面。

2）按［工件系］软键，进入工件坐标系显示界面的第 1 页。

3）按翻页键可在第 1 页和第 2 页之间相互切换。

4）按［（操作）］软键，进入工件坐标系操作界面，利用下部的 4 个不同软键可进行工件坐标系的相关设定操作。

（2）工件坐标系分析　从图 3-90 可见，界面上有 NO.01～NO.06 共 6 个工件坐标系（G54～G59）和 1 个 NO.00 的外部工件零点偏移坐标系（EXT）。它们之间的关系如图 3-91 所示。当外部零点偏移值设置为零时，NO.01～06 工件坐标系是以机床参考点为起点偏移的。但若设置了外部工件零点偏移值后，则 6 个工件坐标系同时偏移。

（3）工件坐标系操作界面中 4 个软键的功能

1）［搜索］软键：当在输入缓冲区键入工件坐标系编号（0～6 七个数字中的任何一个，按［搜索］软键，光标都会搜索并定位在所搜索坐标系的 X 轴偏移值上。

2）［测量］软键：将刀具当前相对于参考点的偏移值与所键入的值相减输入工件坐标系存储器的光标所在位置处。

图 3-90 工件坐标系显示操作步骤

图 3-91 工件坐标系与外部工件坐标系偏移之间的关系

3)[+输入]软键:将键入值与光标所在值相加后输入光标所在位置。

4)[输入]软键:将键入值直接替换并输入光标所在位置的值。

下面通过一个示例介绍[+输入]软键的应用,操作图解如图 3-92 所示。

图 3-92 [+输入]软键的应用示例

图3-92 [+输入]软键的应用示例（续）

2. 工件坐标系的设定（[测量]软键的应用）

工件坐标系设定实际上就是设定坐标系原点的位置。从图3-91可知，工件坐标系的设定包括NO.01～06号6个工件坐标系和1个NO.00号的外部工件坐标系的偏移设定，其设置方法基本相同。这里以G54设定为例，利用系统的坐标系原点位置测量功能进行设置。

工件坐标系原定的位置是工件坐标系原点在机床返回参考点之后相对于参考位置处刀具的偏置矢量。以图3-93所示，实际上就是要将工件坐标系原点在机床坐标系中的坐标值输入相应工件坐标系存储器中。

a)　　　　　　　　　　　　　　　　　b)

图3-93 工件坐标系原点与机床参考点之间的关系
a) 刀尖处于试切外圆与端面的交点处　b) 刀具相对于机床参考点的坐标值

工件原点偏置测量的操作步骤如下，操作图解如图3-94所示。

首先，开机并执行手动返回参考点操作建立机床坐标系，并确保拟作为基准刀对刀的刀具处于工作位置。然后进行如下操作。

1）按**手摇**方式键，用手轮操作，试切外圆，保持X轴不动，Z轴退刀，停止主轴，测量试切外圆直径，假设为ϕ49.752。

2）按**OFS/SET**键，进入偏置/设定界面，按[工件系]软键，按[（操作）]软键，进入工件坐标系设置界面。

3）将光标定位在G54坐标系存储器的X轴偏置输入处，在输入缓冲区键入轴地址X及试切外圆直径ϕ49.752。

4）按[测量]软键，可以看到光标所在位置显示变为-342.348。注意到该值为第2）步界面上箭头所示处刀具当前位置的偏置-292.596与负的试切外圆直径值之和，正好是工件轴线相对于机床参考点的偏置。

5）起动主轴，试切端面，保持Z轴不动，X轴退刀。

6）将光标下移定位至Z轴偏置输入处，键入Z0。

7）按[测量]软键，工件端面相对于机床参考点处的Z轴偏置值（-612.551）被输入。

说明：在操作过程中，每次按[测量]软键，切换到绝对位置坐标界面上都可以看到坐标值的变化。图3-94中最后一幅绝对坐标位置界面截取的是刀具处于试切外圆与端面交点处的位置坐标值。另外，读者可以将刀具放到任意位置，忽略上述试切过程，保持主轴和刀具不动，进行以上操作，并不断观察绝对坐标值的变化，理解工件坐标系建立的原理和过程。

图3-94 工件坐标系的设定操作（[测量]软键的应用）

图 3-94 工件坐标系的设定操作（[测量]软键的应用）（续）

3.10.3 显示和输入设定数据

进入设定（SETTING）界面，设定参数输入是否允许以及在设定界面上进行相关参数和数据的显示和设定，是操作者学习到一定阶段必须掌握的方法之一。

1. 设定界面的显示

设定界面显示的操作步骤如下，操作图解如图 3-95 所示。

1）按 **MDI** 方式键，指示灯亮，MDI 方式有效。
2）按 **OFS/SET** 键，进入偏置设定界面。
3）按[设定]软键，显示设定数据界面。
4）该界面有两页，按翻页键可以在第 1 页和第 2 页之间相互切换。

图 3-95 设定界面显示的操作步骤

设定内容的说明：

1）参数写入：设定是否允许参数写入。0：禁止写入；1：允许写入。

2）TV 校验：设定是否执行 TV 校验。0：不进行 TV 校验；1：进行 TV 校验。

3）穿孔代码：设定数据通过阅读机/穿孔机接口输出时的代码。0：输出 EIA 代码；1：输出 ISO 代码。

4）输入装置：设定程序输入单位。英制或公制。0：公制；1：英制。

5）I/O 通道：阅读机/穿孔机接口使用的通道（0～35 个通道号），例如，1：为通道 1，即 RS232C 通信口；4：为通道 4，即存储卡通信接口。

6）顺序号插入：设定在 EDIT 方式下，程序编辑时是否执行顺序号自动插入。0：不执行顺序号自动插入；1：执行顺序号自动插入。

7）纸带格式：设定 F10/11 纸带格式转换。0：不进行纸带格式转换；1：进行纸带格式转换。

8）顺序号停止：设定顺序号比较和停止功能的操作停止时的顺序号，以及该顺序号所需的程序号。

9）镜像：设定各轴镜像 ON/OFF。0：镜像关；1：镜像开。

2. 参数写入的允许/禁止

在图 3-95 的设定界面中，按 [（操作）] 软键，可以进入设定操作界面，如图 3-96 所示，注意下部软键的变化。

参数写入的允许/禁止操作步骤如下，操作图解如图 3-96 所示。

图 3-96　参数写入的允许/禁止操作步骤

1）执行图 3-95 中的①~③步，进入设定显示界面。

2）将光标定位至参数允许写入设置处，按 [ON:1] 软键，将参数写入允许设置为 1。

3）参数写入允许期间，界面下部出现闪烁的 ALM 报警。进入参数写入允许方式，可对按功能键 SYSTEM 进入参数界面中的参数进行修改。

4）参数设置完成后，返回设定界面，按［OFF:0］软键，将参数写入允许置 0。

5）按 RESET 键，闪烁的 ALM 报警消失。注意：有的报警按 RESET 键不会消失，必须关机重启后才能消失，即这些参数的设置实际上是要重启后才能生效，如语言设置参数（参数 3190 的 #6）便是如此。

> **注意**
>
> 参数写入的允许/禁止操作是系统参数操作必须使用的方法之一。

3. 设定界面中参数的设定

参数设定的步骤如下，操作图解如图 3-97 所示。

1）执行图 3-95 中的①～③步，进入设定显示界面。然后按［（操作）］软键，进入设定操作界面，如图 3-97 所示，注意下部软键的变化。

2）用光标移动键移动光标，定位至 I/O 通道处，在输入缓冲区键入 4。

3）按［输入］软键，I/O 通道设置为 4。

图 3-97　I/O 通道由 1 修改为 4 的操作

> **注意**
>
> 1）设定界面中的参数修改与设定不需要设置参数写入允许置 1 即可操作。
>
> 2）界面中的参数也可在参数设定界面中进行修改，如自动加顺序号的参数就是参数 0000 的第 5 位（SEQ），参见图 3-36。

3.10.4　顺序号的比较和停止

如果在执行指定程序号时出现指定顺序号停止的程序段，则该程序段执行后操作进入单程序段运行方式。

执行顺序号比较和停止设置的操作步骤如下，操作图解如图 3-98 所示。

1）执行图 3-95 中的①～③步，进入设定显示界面。然后按［（操作）］软键，进入设定操作界面，如图 3-98 所示，注意下部软键的变化。

2）用光标移动键移动光标，定位至顺序号停止（程序号）处，在输入缓冲区键入 33。

3）按［输入］软键，程序号输入完成。
4）按光标移动键，使光标下移，定位至顺序号停止（顺序号）处，在输入缓冲区键入 90。
5）按［输入］软键，顺序号输入完成。

图 3-98　顺序号比较和停止设置的操作步骤

> **注意**
>
> 输入的程序号为 1～9999，顺序号为 1～99999。

3.11　功能键 SYSTEM 显示界面

功能键 SYSTEM 显示界面主要包括参数和螺距误差补偿数据。参数的设置在机床出厂之前一般已经设置好了，初学者不要随意修改。另外，购买新机床后，做好对出厂状态时的参数和螺距误差数据的备份是一个好的习惯，必要时可以回复至出厂状态。对于学习到一定程度的读者，少量的修改参数是不可避免的。修改了参数最好做一个记录，以便对出现的问题进行判断。

要想对参数有所了解，必须熟悉两部分知识，一是 FANUC 公司提供的系统参数说明书，其对主要参数有一个全面的叙述；二是机床生产厂家的机床说明书，其对机床出厂状态时的主要参数设置有一个说明。

3.11.1　系统参数的显示与设定

显示与设定参数的步骤如下：
1）按 MDI 方式键，指示灯亮，MDI 方式有效。
2）按图 3-96 所示的方法将参数写入允许参数设置为 1，以便允许参数写入。此时界面下部会出现闪烁的 ALM 报警。这时若按 MESSAGE 键,可以看到报警信息显示"100 允许参数写入",表示 100 号报警信息,这个报警不影响参数的写入,可以看成是参数写入方式的提示。

3)按 SYSTEM 键,默认进入的是系统参数界面,否则,按[参数]软键即可,如图 3-99a 所示。

4)按[(操作)]软键,进入参数设定操作界面,可以看到下部软键的变化,如图 3-99b 所示(注:键入参数号,系统也会自动进入操作界面)。

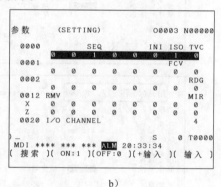

图 3-99 参数显示与设定界面
a)系统参数界面 b)参数设定操作界面

参数设定操作界面下部操作软键的说明:

1)[搜索]软键:用于搜索输入缓冲区键入的参数号所对应的参数。

2)[ON:1]和[OFF:0]软键:用于位参数的置 1 或置 0。

3)[+输入]软键:用于将输入缓冲区键入的数值与光标所在位置处的数值相加存入光标所在处。

4)[输入]软键:用于将输入缓冲区键入的数值直接替代输入光标所在位置处。

5)参数设定和修改的方法:参数的设定与修改可用参数设定界面下的操作软键,配合翻页键↑或↓,以及光标移动键↑、↓、←、→进行。

[搜索]软键是快速定位具体参数的方法,翻页键↑和↓可逐页查找,光标移动键↑和↓可逐个参数查找,光标移动键→可逐位定位,而光标移动键←可逐位返回。

6)按图 3-96 所示的方法将参数写入允许参数设置为 0,以禁止参数写入。若出现按 RESET 键无法解除报警的情况,按 MESSAGE 键可以看到报警信息显示"000 请关闭电源"(000 号报警信息),这时必须关闭电源重新启动系统,设置的参数才能生效。

注意

1)FANUC 0i 系列数控系统各个参数的作用可参见 FANUC 0i-C / 0i Mate-C 参数说明书(B-64120CM/01)。

2)如果参数表中指出"可以在'SETTING'界面输入"时,则说明这些参数可在设定界面(图 3-95)上进行设定,在设定界面上设定这些参数时不需将参数写入开关设为 1。

参数3402第4位FPM的设置步骤如下，操作图解如图3-100所示：

1）按 **MDI** 方式键。

2）按图3-96所示的方法将参数写入允许设置为1（此时，下部会显示报警信息 **ALM** 直至参数写入允许改写为0），以便允许参数写入。

3）按 **SYSTEM** 键，进入参数设定界面。

4）按［（操作）］软键，进入参数操作界面（注：在输入缓冲区键入数值能自动切换至操作界面）。

5）在输入缓冲区键入参数3402，按［搜索］软键，光标定位在参数3402处。

6）按光标移动键 → 4次，将光标定位在第4位FPM上。

7）按［ON:1］软键，将FPM置1。

8）按 **OFS/SET** 键返回设定界面，将参数写入允许参数设置为0，返回参数禁止写入状态。

图3-100　参数3402第4位FPM的设置步骤图解

示例：通过参数设置将系统的繁体汉语显示设置为简体汉语显示。通过查阅参数说明书可以看到，参数3102第3位CHI=1时为繁体汉语，而参数3190第6位CH2=1时为简体汉语。因此，本示例要修改两个参数，第1个是将CHI=0，以取消繁体汉语，然后将CH2=1，设置为简体汉语。

设置方法简述：首先参照图3-100的方法将参数3102的第3位CHI设置为0（图3-101a），接着将参数3190的第6位设置为1（图3-101b）。注意：该参数设置完后必须关机重启才能生效。

a)　　　　　　　　　　　　　　　　b)

图 3-101　繁体汉语修改为简体汉语的参数设置界面

a) CHI=0，取消繁体汉语设定　b) CH2=1，设定简体汉语

3.11.2　显示和设定螺距误差补偿数据

　　机床上丝杠的螺距误差是不可避免的，想一味地通过提高丝杠的精度来提高机床的加工精度也是不现实的，利用补偿的原理通过适当的方式对螺距的误差加以补偿，以抵消螺距误差对加工精度的影响是切实可行的方法之一。为此，数控系统一般都设计有螺距误差补偿功能。

　　螺距误差补偿必须采用专用的测试仪器和专门的测试方法进行，并通过一定的格式写入数控系统。因此，一般用户不要对螺距误差补偿数据进行修改，当学习到一定的阶段，了解螺距误差补偿的原理是有必要的。为此，这里主要介绍如何显示螺距误差，当然在显示界面上也能看到如何修改螺距误差补偿数据的方法。

1. 螺距误差补偿的原理

　　图 3-102 是螺距误差补偿的原理图，其中有 5 个概念及相关参数。

图 3-102　螺距误差补偿原理

1）各轴参考点的螺距误差补偿号：参数 3620 设置。

2）各轴负方向最远端的螺距误差补偿点的补偿号：参数 3621 设置。

3）各轴正方向最远端的螺距误差补偿点的补偿号：参数 3622 设置。

4）各轴螺距误差补偿倍率：参数 3623 设置。

5）各轴螺距误差补偿点的间距：参数 3624 设置。

图 3-103 是某机床的以上 5 个参数的设置实例。

 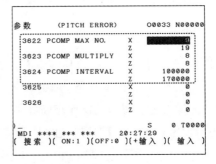

图 3-103 参数 3620～3624 的设置实例

2. 显示和设定螺距误差补偿数据的步骤

操作步骤如下，操作图解如图 3-104。

1）设定图 3-102 所示界面中的相关参数（参数 3620～3624）（若仅显示数据，则可省略此步）。

2）按 **SYSTEM** 键，进入参数设置界面。

3）按继续菜单键▶，出现有 [螺补] 软键的界面。

4）按 [螺补] 键，进入螺距误差补偿数据界面。当数据较多时可以按翻页键查阅。

5）按 [（操作）] 软键，进入数据操作界面，可看到下部软键的变化（若仅显示数据，则可省略此步和下一步）。

6）通过操作界面中的软键，可对螺距误差补偿数据进行设定和编辑。

图 3-104 螺距误差补偿数据的显示和设定

对照图 3-103 的参数设置可以看出，4~9 号为 X 轴的螺距差补偿数据，14~19 号为 Z 轴的螺距误差补偿数据。

3.12 功能键 MESSAGE 显示界面

功能键 **MESSAGE** 上的字母 MESSAGE 的意思为"信息"。按 **MESSAGE** 键，可以显示外部操作信息、报警信息和报警履历等。

3.12.1 外部操作信息履历显示

外部操作信息可作为履历数据被保存，保存的履历数据可在外部操作信息履历界面上显示（参数 3112#2（OMH）设置为 1）。

显示外部操作信息履历的操作步骤如下，操作图解如图 3-105 所示。

1) 按 **MESSAGE** 键，默认进入的是报警界面。

2) 按继续菜单键 ▶，界面下部出现 [MSGHIS] 软键。

3) 按章节选择软键 [MSGHIS]，进入外部操作履历信息的第 1 页界面，按翻页键可继续向下翻页查阅。

图 3-105　显示外部操作信息履历的操作步骤

说明：

1) 每一页显示一条信息，每一条信息最多显示 255 个字符。

2) 系统记录的信息履历个数以及履历的字符数可由参数 3113 的第 6 位（MS0）和第 7 位（MS1）设定。

3) 参数的第 0 位（MHC）可设置是否可以用［CLEAR］软键清除信息履历。

3.12.2 报警信息的显示

在机床操作过程中，有时界面下部会出现闪烁的 **ALM** 报警提示，这时操作者可调出报警信息显示界面查阅报警的原因（报警号和简单的说明）。

（1）报警信息的显示　报警信息界面显示的操作步骤如下。

1）按 **MESSAGE** 键，进入报警界面。

2）若进入的不是报警界面，则按界面下部的［报警］软键。

（2）报警信息的清除　一般情况下，在排除了报警信息提示的故障后，可以按 **RESET** 键恢复正常。特殊情况下必须关机重启数控系统，如图 3-106b 中的 000 号报警便提示"请关闭电源"。

（3）报警显示操作示例　以创建一个已经存在于系统存储器中的程序报警为例，操作演示步骤如下，操作练习图解如图 3-106a 所示。

1）按 **编辑** 方式键，按 **PROG** 键，按［列表］软键，进入程序目录界面。

2）在输入缓冲区键入 O0003（假设这个程序号已存在于存储器中）。

3）按 **INSERT** 键，界面上显示已存在于存储器中的 O0003 程序，并出现闪烁的 **ALM** 报警。

4）按 **MESSAGE** 键，显示报警信息。

5）按 **RESET** 键消除报警（注意这时不存在故障排除）。

说明：数控机床的报警信息较多，图 3-106b 列举了几个报警信息供参考，具体的报警号和对应的详细解释可参阅厂家提供的操作说明书或维修说明书。

图 3-106　报警信息显示

a）报警信息显示操作步骤

图 3-106 报警信息显示（续）

b）报警信息显示界面示例

3.12.3 报警履历的显示

在报警显示界面可存储和显示 50 个报警（每页 5 个，共 10 页）。显示报警履历的操作步骤如下，操作图解如图 3-107 所示。

1）按 **MESSAGE** 键，进入报警信息界面。

2）按［履历］软键，进入报警履历界面。在报警履历界面中，每一页显示 5 条报警记录，右上角显示报警页面数。每一条报警记录包括报警发生时间、报警号及报警信息三项内容。

3）按翻页键 ↓ 或 ↑ 可浏览报警履历。

4）若要删除报警履历，可按［（操作）］软键，出现［清除］软键。

5）按［清除］软键，可清除报警记录。

图 3-107 报警履历的显示和清除操作步骤

图 3-107 报警履历的显示和清除操作步骤（续）

3.13 功能键 CSTM/GR 及图形显示功能

功能键 CSTM/GR 上的字母是 CUSTOM/GRAPH 的缩写，意为"自定义/图形"。按 CSTM/GR 键，可以在界面上显示编程的刀具轨迹，通过观察屏幕显示的轨迹可以检查加工过程。显示的图形可以放大和缩小。

3.13.1 图形显示的基本知识

1. 图形显示坐标系设置

参数 6510 用于设定绘图坐标，其设定值与坐标的对应关系如图 3-108 所示。

图 3-108 参数 6510 设定值与绘图坐标系之间的关系

2. 图形显示基本参数

按 CSTM/GR 键，显示绘图参数显示界面，如图 3-109 所示（如果不显示该界面，则按 [G.PRM] 软键）。

各项图形参数的含义：

1）工件长度（W）和工件直径（D）：用于定义工件长度和工件直径，输入单位为0.001mm。

图3-109　绘图参数显示界面

2）程序停止（N）：当对程序的一部分进行绘图时设定结束程序段的顺序号，图形出来后，该参数中设定的值被自动清0。

3）自动擦除（A）：如果该值设定为1，当自动运行从复位状态重新启动时前面所绘的图被自动清除，然后又重新绘制。

4）极限（L）：如果该值设为1，存储行程极限1的区域将以双点画线绘制。

5）图形中心（X，Z）和比例缩放（S）：显示界面的中心坐标和绘图比例。系统可以自动计算界面的中心坐标，以使按工件长度（W）和工件直径（D）设定的图形能在整个界面上显示出来。因此，通常用户无须设定这些参数。图形中心的坐标在工件坐标系定义，坐标的单位为0.001mm，比例的单位为0.001%。

3. 图形显示参数的设置

图形显示参数设置的步骤如下，操作图解如图3-110所示。

1）按 **CSTM/GR** 键，进入图形参数界面。

2）用光标移动键将光标定位在待设置的参数处（如工件长度W处），用键盘输入设置数据（如300000），此时界面会自动切换到参数操作界面，注意下部软键发生了变化。

3）按输入键INPUT，设置数据被输入，同时光标自动下移。

重复第2）、3）步，完成所有需要设置的绘图参数。

4）参数设置完成后，按［正常］软键，界面会返回第一步的图形参数界面。

图3-110　图形显示参数的设置步骤

图 3-110　图形显示参数的设置步骤（续）

3.13.2　图形显示的操作步骤

刀具运动轨迹的显示可以在程序自动运行期间更新坐标值时绘制图形。但若仅仅是检查刀具轨迹，一般是使机床处于机械锁住状态执行。

刀具运动轨迹图形显示的操作步骤如下，操作图解如图 3-111 所示。

1）按 编辑 方式键，按 PROG 键，调出待加工的数控程序。

2）按 自动 方式键，按 锁住 键，使机床处于锁住状态下运行程序。

3）按 CSTM/GR 键，进入图形参数显示界面。如果需要可以按图 3-110 的方法设置绘图参数。

4）按 [图形] 软键，显示绘图界面和绘图坐标系。

5）按 [执行] 软键，可以看到界面右下角出现了"画图"字样，并且界面上按照加工轨迹逐渐绘制图形，右上角的坐标值随着图形的绘制不断变化。

6）图形绘制完成后"画图"字样消失，右上角的坐标值停止变化。

图 3-111　刀具运动轨迹图形显示的操作步骤

图 3-111 刀具运动轨迹图形显示的操作步骤（续）

绘图界面下部几个软键的说明：

1）［执行］软键：按下后系统开始绘制刀具运动轨迹。
2）［停止］软键：可以使正在绘制的刀具运动轨迹暂时停止。
3）［继续］软键：使暂时停止绘制的刀具运动轨迹继续执行下去。
4）［程序头］软键：使暂时停止绘制的刀具运动轨迹从头开始绘制。
5）［擦除］软键：清除已绘制的刀具运动轨迹。

3.13.3 图形显示的缩放操作

在执行刀具运动轨迹的图形显示时，常要用到缩放功能，以获得合适的显示界面。图形显示的缩放操作步骤如下，操作图解如图 3-112 所示。

1）按图 3-111 所示执行一次刀具运动轨迹的图形显示，作为缩放前的界面。
2）按菜单返回键◀，出现［缩放］软键。
3）按［缩放］软键，进入缩放操作界面，出现两个放大光标（■），其定义的对角线的矩形区域为放大画面。默认为左下角放大光标闪烁。
4）用光标移动键←、↓、↑、→移动闪烁的光标至合适的位置。
5）按［上/下］软键，切换至右上角，放大光标键闪烁。
6）用光标移动键←、↓、↑、→移动闪烁的光标至右上角合适的位置。
7）按［控制］软键，出现新定义的图形显示界面，坐标系位置发生了移动。
8）按［操作］软键。
9）按［执行］软键，再次绘制刀具轨迹图形。
10）按［擦除］软键，可消除界面中的刀具轨迹图形。

若得到的图形还不满意，可以重复执行以上步骤缩放图形直至满意为止。

图 3-112 图形显示的缩放操作步骤

图 3-112 图形显示的缩放操作步骤（续）

3.14 帮助键 HELP 及其显示界面

帮助键 HELP 能在机床操作过程中现场提供适当的帮助。

3.14.1 概述及帮助功能组织结构

帮助初始菜单界面的进入与退出步骤如下，操作步骤如图 3-113 所示。

1）按 MDI 面板上的 HELP 键，显示帮助（初始菜单）界面。可以看到界面中有 3 条目录。

2）在帮助界面的任何操作界面上，按 HELP 键或任一功能键可退出帮助界面。

从帮助（初始菜单）界面可以看出，帮助系统包括三部分内容：报警详述、操作方法和参数表。按下部的任一软键可以进入相应内容的帮助界面。FANUC 0i 系统的帮助系统组织结构与操作图解可用图 3-114 表述。

图 3-113 帮助初始菜单界面的进入与退出

图 3-114 帮助系统的组织结构与操作图解

3.14.2 报警的详细信息查询

1. 当前报警信息查询

当前报警信息指机床操作过程中出现报警提示的状态下通过帮助键 **HELP** 查询的信息。当前报警信息查询的操作步骤如下,操作示例如图 3-115 所示。

1) 按 **MDI** 方式键,按 **PROG** 键,键入一段错误的程序,按 锁住 键,按 循环启动 键运行程序,可以看到界面下部出现闪烁的 **ALM** 报警。

2) 按 **HELP** 键,进入帮助(初始菜单)界面。

3) 按〔报警〕软键,进入帮助(报警详述)界面。

4) 帮助(报警详述)界面显示当前报警的详细说明。较简单的报警可能会出现"此报警无详细解释"的提示。

图 3-115 当前报警信息查询操作示例

2. 其他报警信息查询

其他报警信息查询指不出现 **ALM** 报警提示的情况下，按报警号查询报警详述。其他报警信息查询的操作步骤如下，操作示例如图 3-116 所示。

1）按 **HELP** 键，进入帮助（初始菜单）界面。

2）按［报警］软键，进入空白的帮助（报警详述）界面。

3）用 MDI 键盘键入数字 0（报警号），界面自动切换至操作界面，下部出现［选择］软键，按［选择］软键，显示 000 号报警详述。

4）再次键入报警号 100，按［选择］软键，则显示 100 号报警详述。

重复第 4）步，可以查询其他的报警信息。

图 3-116 其他报警信息查询

图 3-116 其他报警信息查询（续）

3.14.3 操作方法的查询

操作方法的帮助查询主要介绍一些常用的操作方法，具体的操作步骤如下，操作示例如图 3-117 所示。

1）按 HELP 键，进入帮助（初始菜单）界面。

2）按［操作］软键，进入帮助（操作方法）界面，可以看到其有序号 1～9 类操作方法。

3）键入各类的序号并按［选择］软键，可以进入相应类的操作方法（注意：键入序号时下部的操作软键会自动切换至操作界面，出现［选择］软键），按［选择］软键进入所需序号的操作方法界面，其可能有多个页面。每一项的操作方法包括：操作方法名称、工作方式选择、屏幕显示界面和操作方法四项内容。

本例键入序号 1 并按［选择］软键，进入程序编辑操作方法界面。

4）按翻页键可逐页翻页浏览。

5）按返回菜单键◀，出现［操作］软键。

6）按［操作］软键，返回帮助（操作方法）界面。

7）再次键入希望查询的帮助序号，按［选择］软键可查询其他帮助方法。如本例键入序号 4 并按［选择］软键，进入 MDI 输入操作方法界面。

8）同理，按翻页键可逐页浏览。

9）在帮助操作的任意界面下，按 HELP 键或任一功能键可退出帮助界面。

重复第 5）～7）步可查询其他操作方法。

图 3-117 操作方法查询示例

3.14.4 参数表查询

数控系统的参数对机床的性能影响很大,参数表的内容繁杂,帮助系统的参数表可以大致地定位参数的查找范围。

帮助系统参数表的查询步骤如下,操作图解如图 3-118 所示。

1)按帮助键 HELP 进入帮助(初始菜单)界面。

2）按[参数]软键,进入帮助(参数表)界面,其内容包括系统功能及参数的范围。

3）按翻页键可翻页浏览。

4）按 HELP 键或任一功能键可退出帮助界面。

图 3-118 参数表的查询步骤

3.15 清屏功能

清屏相当于计算机的屏幕保护。当在自动加工时,若加工的时间较长等不需要屏幕显示时,可关闭显示单元,以延长其使用寿命。注意,频繁地进行清屏与显示,反而会降低显示器的寿命,因此建议 1h 以上不需要屏幕显示时才使用清屏功能。

清屏方式有手动操作与自动清屏两种方式。这里仅介绍手动操作,自动清屏功能请参阅 FANUC 0i 系统的操作说明书。

清屏及恢复屏显操作方法如下,操作图解如图 3-119 所示。

清屏:按住 CAN 键并按任一功能键(例如 PROG 键或 POS 键),屏幕关闭。

恢复屏显:按任一功能键,屏幕显示恢复(返回界面与所按功能键有关)。

图 3-119 清屏与恢复屏显的操作方法

第4章 数控车床的典型操作示例分析

4.1 数控车削加工工件坐标系的设定方法

本节以一个简单的示例,介绍数控车削加工中工件坐标系的设定方法,供读者学习和上机练习。

4.1.1 工件坐标系设定方法回顾

在前面的章节中已谈到,数控车削加工过程中常见的工件坐标系的设定方法有三种:
1)工件坐标系设定指令 G50 设定工件坐标系。
2)工件坐标系选择指令 G54～G59 选择工件坐标系。
3)T 指令刀具几何偏置设定工件坐标系。

4.1.2 工件坐标系设定示例

本示例仅为工件坐标系设定学习而设计,为缩短篇幅,仅编写其精加工程序,读者上机练习时,可采用尼龙棒为材料进行切削。

例 4-1:以图 4-1 所示的零件精车加工程序为例,分别利用 G50 指令、G54～G59 指令和刀具几何偏置设定工件坐标系。

1. 示例工件结构及工艺分析(图 4-1)

(1)结构分析 本零件轮廓包括直线和圆弧,形状较为简单。若仅编写精加工程序,金属材料一般难以一刀加工完成,为此选择尼龙棒料加工。

(2)工艺分析 由于头部为一个球头,为保证加工质量,宜采用圆弧切线切入。切出部分为一直线,一般延伸 1～2mm 即可。

(3)说明 若需要连续加工练习,可在 φ26mm 圆柱左端双点画线位置切断,然后车端面。

图 4-1 工件坐标系设定示例图

2. 装夹方案及工件坐标系建立(图 4-2)

(1)装夹方案 本零件采用 φ30mm 的棒料,采用自定心卡盘装夹。
(2)工件坐标系的建立 工件坐标系选择零件右端面,端面不留加工余量。

图 4-2 装夹方案及工件坐标系建立

3. 加工刀具及切削用量的选择

由于本零件加工仅完成精车加工程序,且仅为学习工件坐标系设定,对工件表面要求不高,故对车刀无特别要求,可根据具体情况选择。对于车削尼龙棒,有时用高速钢刀具自己刃磨,可获得较好的切削效果。

切削用量的选择:主轴转速为 800r/min;进给速度为 0.2mm/r。

4. 走刀路径的确定

如图 4-3 所示可知:

1)走刀路径:$S \to a \to b \to c \to d \to e \to f \to g \to h \to i \to E$。

2)分析:走刀路径中设定了一个换刀点作为程序的起点 S 和终点 E,切入部分为 1/4 个半径为 5mm 的圆弧,切出部分为轮廓直线延伸 1mm。

3)为简化程序,不考虑刀尖圆弧半径补偿。

图 4-3 走刀路径确定

5. 加工程序及分析

(1) G50 指令设定工件坐标系 加工程序如下。

%	
O0411;	程序名
N10 G50 X160. Z200. ;	G50 指令设定工件坐标系
N20 T0101;	调用 1 号刀及 1 号刀补
N30 G97 S800 M03;	恒转速控制,主轴正转,转速为 800r/min
N40 G00 X-10. Z5. M08;	刀具快速移动至 a 点,开切削液
N50 G99 G02 X0. Z0. R5. F0.3;	圆弧切入至 b 点,转进给,进给速度为 0.3mm/r
N60 G03 X10. Z-5. R5.;	切削球头圆弧 R5mm 至 c 点
N70 G01 Z-10.;	切削 ϕ10mm 圆柱至 d 点

N80 G02 X20. Z–15. R5.;　　　　　切削凹圆弧 R5mm 至 e 点
N90 G01 X24.;　　　　　　　　　　切削端面至 f 点
N100 X26. Z–20.;　　　　　　　　　切削锥面至 g 点
N110 Z–30.;　　　　　　　　　　　 切削 φ26mm 圆柱至 h 点
N120 X32.;　　　　　　　　　　　 切削端面至 i 点，切出 1mm
N130 G00 X160. Z200. M09;　　　　快速退刀至结束点 E，关切削液
N140 T0100;　　　　　　　　　　　取消 1 号刀补
N150 M30;　　　　　　　　　　　　程序结束
%

分析：

1）该程序采用 G50 指令建立工件坐标系，指令中 X_、Z_ 值为刀具在预建立工件坐标系中的绝对坐标值。

2）G50 指令设定工件坐标系与刀具当前位置有关，即程序执行之前必须将刀具移至工件坐标系中 G50 指令中的绝对坐标值位置处，如图 4-3 中的 S 点。

3）由于采用 G50 指令建立工件坐标系，且为一把刀，相当于标准刀对刀，因此，在 01 号刀具补偿存储器中的刀具外形偏置必须设置为 0。

4）G50 指令建立工件坐标系的对刀操作，涉及 3.7.2 节中的相对坐标的预置与归零操作。

5）为保证程序能够重复执行相同的刀具轨迹，在程序结束之前必须将刀具返回对刀点位置处，如图 4-3 中的 E 点，并取消刀具补偿。

（2）G54～G59 指令设定工件坐标系　加工程序如下。

%
O0421;　　　　　　　　　　　　　 程序名
N10 T0101;　　　　　　　　　　　 调用 1 号刀及 1 号刀补
N20 G97 S800 M03;　　　　　　　 恒转速控制，主轴正转，转速为 800r/min
N30 G00 G54 X160. Z200. M08;　　 G54 指令设定工件坐标系，刀具快速移动至 S 点，开切削液
N40 X–10. Z5.;　　　　　　　　　 快速移动至 a 点
N50 G99 G2 X0. Z0. R5. F.3;　　 圆弧切入至 b 点，转进给，进给速度为 0.3mm/r
N60 G03 X10. Z–5. R5.;　　　　　 切削球头圆弧 R5mm 至 c 点
N70 G01 Z–10.;　　　　　　　　　 切削 φ10mm 圆柱至 d 点
N80 G02 X20. Z–15. R5.;　　　　　切削凹圆弧 R5mm 至 e 点
N90 G01 X24.;　　　　　　　　　　切削端面至 f 点
N100 X26. Z–20.;　　　　　　　　 切削锥面至 g 点
N110 Z–30.;　　　　　　　　　　　切削 φ26mm 圆柱至 h 点
N120 X32.;　　　　　　　　　　　 切削端面至 i 点，切出 1mm
N130 G00 X160. Z200. M09;　　　　快速退刀至 E 点，关切削液
N140 T0100;　　　　　　　　　　　取消 1 号刀补
N150 M30;　　　　　　　　　　　　程序结束
%

分析：

1）该程序采用 G54 指令设定工件坐标系。程序执行之前必须将工件坐标系相对于机床参考点的偏置输入 G54 工件坐标系存储器中。

2）G54～G59指令设定工件坐标系与刀具当前位置无关，程序执行到G54指令后即可建立起工件坐标系，如N30程序段，不管刀具当前处于任何位置，当执行至该程序段后刀具必然快速定位至程序起始点 S 处。

3）由于采用G54指令建立了工件坐标系，且为一把刀，相当于标准刀，因此，在01号刀具补偿存储器中的刀具外形偏置必须设置为0。

4）G54～G59指令设定工件坐标系的对刀操作，涉及3.10.2节中的相关操作。

5）虽然G54指令设定工件坐标系时与刀具的当前位置无关，但考虑到工件装夹等因素，程序结束之前一般也习惯于将刀具退回程序起始点，同时取消刀具补偿。

（3）刀具几何偏置设定工件坐标系　加工程序如下。

```
%
O0431;                          程序名
N10 T0101;                      调用1号刀及1号刀补，刀具偏置设定工件坐标系
N20 G97 S800 M03;               恒转速控制，主轴正转，转速为800r/min
N30 G00 X160. Z200. M08;        刀具快速移动至程序起始点 S，开切削液
N40 X–10. Z5.;                  快速移动至 a 点
N50 G99 G02 X0. Z0. R5. F0.3;   圆弧切入至 b 点，转进给，进给速度为0.3mm/r
N60 G03 X10. Z–5. R5.;          切削球头圆弧 R5mm 至 c 点
N70 G01 Z–10.;                  切削 ϕ10mm 圆柱至 d 点
N80 G02 X20. Z–15. R5.;         切削凹圆弧 R5mm 至 e 点
N90 G01 X24.;                   切削端面至 f 点
N100 X26. Z–20.;                切削锥面至 g 点
N110 Z–30.;                     切削 ϕ26mm 圆柱至 h 点
N120 X32.;                      切削端面至 i 点，切出1mm
N130 G00 X160. Z200. M09;       快速退刀至结束点 E，关切削液
N140 T0100;                     取消1号刀补
N150 M30;                       程序结束
%
```

分析：

1）该程序采用刀具偏置设定工件坐标系，程序执行之前必须将工件坐标系相对于机床参考点的偏置输入刀补号指定的补偿存储器中，一般习惯于放在外形偏置存储器中。

2）刀具偏置设定工件坐标系与刀具当前位置无关，程序执行完刀具指令（如程序中的N10 T0101）即可调用相应的刀具偏置值建立工件坐标系。

3）刀具偏置建立工件坐标系不分标准刀与非标准刀，每一把刀具调用的刀补号不能重复，各刀具必须单独对刀，每一把刀具用完后必须取消刀具补偿（如程序中的N140 T0100）。

4）刀具几何偏置设定工件坐标系的对刀操作，涉及3.10.1节中的相关操作。

5）虽然刀具几何偏置设定工件坐标系时与刀具的当前位置无关，但考虑到工件装夹等因素，程序结束之前一般也习惯于将刀具退回程序起始点，同时取消刀具补偿。

6. 工件坐标系设定操作分析

（1）G50指令设定工件坐标系及操作分析（图4-4）　G50指令建立工件坐标系就是要

使程序运行之前将刀具移至欲设定工件坐标系 G50 指令中的坐标值处,如图 4-4a 所示。其设定操作就是利用数控系统相对位置显示所具有的坐标值预置与归零操作及手动调整刀具实现。例如图 4-4a 所示示例,可通过试切外圆 A,保持 X 轴不动 Z 轴退刀,停转主轴后测量外圆值(如 $\phi49.864$),并将 X 轴的相对坐标 U 预置为 49.864。然后,试切端面 B,Z 轴不动 X 轴退刀,并将 Z 轴的相对坐标归零。最后通过手动(或手轮)操作将相对坐标移至 G50 中的坐标值,如图 4-4b 所示,即完成 G50 指令设定工件坐标系的对刀。关于相对坐标的预置与归零操作可参阅第 3.7.2 节中的相关内容。

图 4-4 G50 指令设定工件坐标系及操作分析

a)G50 指令设定工件坐标系对刀示意图　b)操作设置

(2)G54~G59 指令设定工件坐标系及操作分析　G54~G59 指令设定工件坐标系就是要将工件坐标系原点相对于机床参考点的偏置值输入相应工件坐标系存储器中去。图 4-5a 所示为 G54 指令设定工件坐标系的对刀示意图,其通过试切外圆和端面,利用工件坐标系操作界面下部的[测量]软键(图 4-5b)操作实现 G54 工件坐标系存储器中偏置值的设定。详见 3.10.2 节的相关介绍。

图 4-5 G54 指令设定工件坐标系及操作分析

a)G54 指令设定工件坐标系对刀示意图　b)操作设置

(3)刀具几何偏置设定工件坐标系及操作分析(图 4-6)　刀具几何偏置对刀就是要将工件坐标系原点相对于机床参考点的偏置值输入刀具指令指定的刀具偏置存储器中(一般放在外形存储器中)。图 4-6 所示即是将 01 号刀对刀确定的工件坐标系原点的偏置值存储到 01 号几何偏置存储器中。具体的操作可参阅 3.10.1 节中的相关内容。

图 4-6 刀具几何偏置设定工件坐标系及操作分析

a) T0101 刀设定工件坐标系对刀示意图　b) 操作设置

4.1.3 工件坐标系设定综合实训

实训一

实训名称：工件坐标系设定原理与方法

实训目的：了解数控车削加工中工件坐标系的设定原理和操作方法，训练通过 MDI 面板手工输入加工程序，观察数控程序的四种运行方式——存储器运行（即自动运行）、锁住运行、空运行和单段运行。

实训条件：FANUC 0i TC 或 Mate-TC 数控系统的数控车床，尼龙棒料若干，高速钢刀具（自行刃磨）或机夹刀具，若干张具有圆弧和直线轮廓的能够用 10～20 个程序段表述的工件图。个人读者可直接利用图 4-2。

实训要求：

1）分析零件结构与工艺，初步确定切削用量。

2）按照图样要求，不考虑刀尖圆弧半径补偿，按刀具几何偏置设定工件坐标系的要求编写工件的精加工程序。

3）将上一步编写好的加工程序修改为 G50 指令和 G54～G59 指令设定工件坐标系的加工程序。

4）将编写好的加工程序通过 MDI 操作面板手工输入数控系统。

5）根据程序的要求，手工试切法对刀设定工件坐标系。

6）锁住运行加工程序，检查程序格式，空运行观察刀具运动轨迹等。

7）单段运行加工程序，重点观察执行完工件坐标系建立指令的程序段时刀具的当前位置，注意 LCD 显示界面上绝对坐标值的显示与变化，理解工件坐标系原点的位置所在。

8）自动运行加工程序，完成工件的加工过程，理解数控加工的全过程。

实训小结：简述实训过程。叙述数控车削加工工件坐标系的设定方法与特点和数控机床的四种运行方式，并根据实训过程和坐标显示界面上绝对坐标值的显示和变化说明对工件坐标系建立指令的理解。小结后附所编制的加工程序及注释。

4.2 刀具指令及刀具偏置程序示例

数控车削加工的刀具指令包括两部分内容,一是选择工作刀具,二是调用刀具补偿(或称偏置)。刀具补偿分四项内容,包括 X 和 Z 方向的位置偏置和刀尖圆弧半径的补偿及其刀尖理论方向号的指定。FANUC 0i 系统将刀具补偿(或称偏置)分为几何(外形)偏置和磨损补偿两部分管理。

刀具几何偏置可用于设定工件坐标系,对于多刀加工且用 G50 或 G54～G59 指令设定工件坐标系时,还可用于非标准刀安装位置偏差的补偿修正。刀尖圆弧半径补偿可消除车削锥面或圆弧面时的欠切和过切问题。刀具磨损补偿除用于刀具磨损后的尺寸补偿外,还可用于加工尺寸的调整与控制。

4.2.1 几何偏置对刀程序示例与分析

刀具的几何偏置对刀设定工件坐标系不同于 G50 或 G54～G59 这些专门设置的工件坐标系指令,其是借用刀具指令中调用刀具补偿时能够对刀尖位置进行位置偏置的特点而用于工件坐标系的设定。

刀具偏置对刀设定工件坐标系时各刀具的地位是平等的,即不分标准刀与非标准刀,每把刀具均是按相同的方法对刀设定工件坐标系,每把刀具在刀具指令调用相应刀具补偿时才建立工件坐标系,刀具补偿取消时所建立的工件坐标系自动消失。

下面通过一个具体的程序示例来进行介绍。

例 4-2:编写图 4-7 所示零件的数控车削加工程序,要求采用刀具几何偏置设定工件坐标系。

1. 加工零件及加工要求(图 4-7)

零件的技术要求如图 4-7 所示,加工要求如下:
1)分析零件结构及工艺性,制订加工工艺。
2)要求手工编程,不得采用复合固定循环指令。

图 4-7 刀具几何偏置对刀加工零件图

2. 零件结构及工艺分析

该零件若用普通车床加工，则由于两个圆弧面，特别是 $SR20_{-0.021}^{0}$ 球面有公差要求而加工困难。但对数控加工而言，该零件外形轮廓并不复杂，加工精度要求不是很高，公差等级均在 IT7 左右，符合数控车削加工的要求。表面粗糙度上限值为 $Ra1.6\mu m$，其余为 $Ra3.2\mu m$。零件几何特征主要是圆柱、圆弧、螺纹和倒角等。工件材料为 45 钢，加工性能较好。因此，数控车床可以完成全部工作。

但注意到其四个表面对两中心孔有圆跳动要求，则必须通过合理装夹来保证。后面再谈。

该零件最大轮廓为 $\phi 48mm \times 90mm$，考虑到棒料的供应状态及加工余量，选择 $\phi 52mm$ 的棒料，下料尺寸为 $\phi 52mm \times 94mm$。也可以采用多件的棒料加工，即取 94 的整数倍。

由于该零件中间尺寸大于两端尺寸，因此，拟采用两次装夹完成。第一次加工零件右端的三个台阶圆柱。然后再加工左半部分。

3. 装夹方案

该零件直径不大，装夹面为圆柱面，第一次加工右半部分时采取通用的自定心卡盘装夹，三个台阶圆柱与中心孔必须一次装夹加工完成。加工左半部分时采取软爪装夹配合尾顶尖，用 $\phi 24mm$ 圆柱面装夹，找正 $\phi 48mm$ 外圆，然后手工加工中心孔，加上尾顶尖后再开始加工，以保证同轴度要求。定位方案如图 4-8 和图 4-9 所示。

4. 加工刀具的选择

考虑到零件的结构特点及加工要求，选取机夹可转位车刀，粗车与精车分别用刀，具体刀具如下：

外圆粗车刀：T0101，刀尖半径 0.4mm（并用于车端面）。

外圆精车刀：T0202，刀尖半径 0.1mm。

切槽刀：T0303，刀宽 $B=4mm$（也可用于切断）。

螺纹车刀：T0404，60°螺纹车刀。

中心钻：A3 中心钻（手工钻中心孔，图中未示出）。

5. 切削用量的选择

粗车外圆：$a_p=2mm$，$f=0.2mm/r$，$n=400r/min$。

精车外圆：$a_p=0.3mm$（右半部分），$f=0.1mm/r$，$n=1000r/min$；
　　　　　$a_p=0.5mm$（左半部分），$f=0.1mm/r$，$n=1000r/min$。

切槽：$f=0.05mm/r$，$n=300r/min$，刀宽 $B=4mm$。

车螺纹：$n=300r/min$。

6. 螺纹切削参数的确定

查表 1-5 可知螺距为 2mm 的螺纹宜车 5 刀，每次进刀径向尺寸见表 4-1。切入和切出距离分别为 5mm 和 3mm。螺纹大径取 15.8mm。

表4-1 每次进刀径向尺寸　　　　　　　　　　　　　　　　（单位：mm）

次　数	余　量	径向尺寸	次　数	余　量	径向尺寸
1	0.9	16.0−0.9=15.1	4	0.4	13.9−0.4=13.5
2	0.6	15.1−0.6=14.5	5	0.1	13.5−0.1=13.4
3	0.6	14.5−0.6=13.9			

7. 工件坐标系及相关位置点的选择

零件右半部分的加工采用端面中心作为工件坐标系，设置一个换刀点 A（200，100）。零件左端加工时由于采用手工车端面保证工件长度后再开始加工，所以仍然采用工件外端面中心作为工件坐标系，也设置一个换刀点 A（200，100）。具体如图4-8和图4-9所示。

8. 加工工艺路线

右端的加工工艺路线为：粗车端面→粗车外圆→精车端面→精车外圆。

调头手工车端面，保证工件长度，找正装夹，手动钻中心孔，上尾顶尖，开始加工。

左端的加工工艺路线为：粗车端面→粗车外圆（含圆弧面）→车槽（含倒角）→精车外圆（含圆弧面）→车螺纹。

9. 走刀路径的确定

由于复合循环指令后面会专门介绍，所以本例不采用G73/G70指令编程。因为右半部分为圆柱台阶面，故采用了比较适合的固定循环指令G90编程。左半部分采用最基本的G01/G03指令编程。

粗车时未考虑倒角和 $R5$mm 圆弧的加工，因为其最大背吃刀量处不到2mm，故直接由精车刀切削，仅是瞬间大吃刀量，不影响倒角和倒圆角的要求。按直角处理后，简化了粗车程序。

右半部分的加工刀具路径如图4-8所示。换刀点为 A 点，采用两把刀具（不加工中心孔），精车余量为0.3mm（单面余量），刀具路径为G90固定循环加工。

图4-8　右半部分的加工刀具路径

左半部分的加工刀具路径如图4-9所示。考虑到零件轮廓复杂，留精加工余量0.5mm（单面余量），且分层切削至圆弧面时，采取沿曲面切削的方式，使精加工的余量均匀，这对后续精加工保证球面的尺寸精度有利。左侧软爪装夹，可考虑用铜皮包裹。

图4-9 左半部分的加工刀具路径

10. 数值计算

在图4-8和图4-9中，相关节点的坐标均是借助于AutoCAD作图获得，其尺寸值在图中均已标出。

11. 参考程序

（1）右半部分的参考程序

%	
O4408	程序名称
N10 G00 X200. Z100. T0101;	快速定位至换刀点A，选择1号刀及1号刀补
N20 S400 M03;	主轴正转，转速为400r/min
N30 G00 Z0.5 M08;	快速移至粗车端面的Z轴起始点，开切削液
N40 X56.;	快速移至粗车端面的起始点，留0.5mm精车余量，开切削液
N50 G99 G01 X0 F0.2;	粗车端面，转进给，进给速度为0.2mm/r
N60 Z2.;	轴向快速退刀
N70 G00 X52.;	径向快速退刀至G90固定循环起始点
N80 G90 X48. Z–19.7;	G90固定循环开始，粗车第一刀φ48mm至–19.7mm处
N90 X44.;	G90固定循环，粗车第二刀φ44mm至–19.7mm处
N100 X40.;	G90固定循环，粗车第三刀φ40mm至–19.7mm处
N110 X36.;	G90固定循环，粗车第四刀φ36mm至–19.7mm处
N120 X32.;	G90固定循环，粗车第五刀φ32mm至–19.7mm处
N130 X28.;	G90固定循环，粗车第六刀φ28mm至–19.7mm处
N140 X24.6;	G90粗车第七刀φ24.6mm至–19.7mm处，G90固定循环结束
N150 G00 Z–19.;	快速进刀至G90固定循环起始点
N160 G90 X48. Z–34.7;	G90固定循环开始，粗车第一刀φ48mm至–34.7mm处
N170 X44.;	G90固定循环，粗车第二刀φ44mm至–34.7mm处
N180 X40.;	G90固定循环，粗车第三刀φ40mm至–34.7mm处
N190 X36.6;	G90粗车第四刀φ36.6mm至–34.7mm处，G90固定循环结束

N200 G00 Z–34.;	快速进刀至 G90 固定循环起始点
N210 G90 X48.6 Z–46;	G90 固定循环，粗车第二刀 ϕ48.6mm 至 –46mm 处
N220 G00 X200. M09;	径向快速退回换刀点，关切削液
N230 Z100. M05;	轴向快速退回换刀点，主轴停转
N240 T0100;	取消 1 号刀补
N250 M00;	机床暂停，手工主轴转速换挡
N260 S1000 M03 T0202;	调高主轴转速至 1000r/min，选择 2 号刀并调用 2 号刀补
N270 G00 Z0. M08;	快速定位至精车端面的 Z 轴起点，开切削液
N280 X28.;	快速定位至精车端面的起点
N290 G01 X0 F0.1;	精车端面，进给速度为 0.1mm/r
N300 G42 G00 X16. Z2.;	快速移动至倒角延长线上，启动刀尖圆弧半径右补偿
N310 G01 X24. Z–2.;	精车倒角 C2mm
N320 Z–20.;	精车 ϕ24mm 外圆至 –20mm 处
N330 X26.;	精车端面至 R5mm 圆弧的起点
N340 G03 X36. Z–25. R5;	精车圆弧 R5mm
N350 G01 Z–35.;	精车 ϕ36mm 外圆至 –35mm 处
N360 X46.;	精车端面至 C1mm 倒角的起点
N370 X48. Z–36.;	精车倒角 C1mm
N380 Z–46.;	精车 ϕ48mm 外圆至 –46mm 处，延长了 1mm
N390 X54.;	径向退刀
N400 G00 X200. M09;	径向快速退回换刀点，关切削液
N410 G40 Z100. T0200;	轴向快速退回换刀点，取消刀尖圆弧半径补偿和 2 号刀补
N420 M30;	程序结束
%	

程序说明：

1）本程序采用刀具偏置建立了工件坐标系。程序加工之前，必须分别对 T01 和 T02 号刀具进行对刀，将工件坐标系原点偏置值输入 01 号和 02 号刀具偏置存储器中。对刀方法可参阅 3.10.1 节中的相关内容。

2）由于工件为阶梯状结构，故采用了单一固定循环指令 G90 进行粗车。

3）注意切削液指令 M08 和 M09 一般成对使用。

4）程序在精车加工时启用了刀尖圆弧半径补偿，因此在程序执行前，还必须将刀尖圆弧半径 R=0.1mm 和理论刀尖方向号 T=3 输入 02 号刀具偏置存储器中。

（2）左半部分的参考程序

%	
O4409	程序名称
N10 G00 X200. Z100. T0101;	快速定位至换刀点 A，选择 1 号刀及 1 号刀补
N20 S400 M03;	主轴正转，转速为 400r/min
N30 G42 G00 Z2. M08;	启动刀尖半径右补偿，Z 轴快速移至起刀点，开切削液
N40 X49.;	径向快速进刀至 ϕ49mm 外圆处
N50 G01 Z–44.5 F0.2;	粗车 ϕ49mm 外圆至 –44.5mm 处
N60 X51.;	径向退刀
N70 G00 Z2.;	轴向快速退刀

N80 X45.;	径向快速进刀 φ45mm 外圆处
N90 G01 Z−44.5;	粗车 φ45mm 外圆至 −44.5mm 处
N100 X49.;	径向退刀
N110 G00 Z2.;	轴向快速退刀
N120 X41.;	径向快速进刀 φ41mm 外圆处
N130 G01 Z−44.5;	粗车 φ41mm 外圆至 −44.5mm 处
N140 X45.;	径向退刀
N150 G00 Z2.;	轴向快速退刀
N160 X37.;	径向快速进刀 φ37mm 外圆处
N170 G01 Z−36.168;	粗车 φ37mm 外圆至 −36.168mm 处（即点 5 处）
N180 G03 X41. Z−44.5 R20.5;	粗车 R20mm 圆弧 5 → 6 点
N190 G00 Z2.;	轴向快速退刀
N200 X33.;	径向快速进刀 φ33mm 外圆处
N210 G01 Z−32.834;	粗车 φ33mm 外圆至 −32.834mm 处（即点 4 处）
N220 G03 X37. Z−36.168 R20.5;	粗车 R20mm 圆弧 4 → 5 点
N230 G00 Z2.;	轴向快速退刀
N240 X29.;	径向快速进刀 φ29mm 外圆处
N250 G01 Z−30.509;	粗车 φ29mm 外圆至 −30.509mm 处（即点 3 处）
N260 G03 X33. Z−32.834 R20.5;	粗车 R20mm 圆弧 3 → 4 点
N270 G00 Z2.;	轴向快速退刀
N280 X25.;	径向快速进刀 φ25mm 外圆处
N290 G01 Z−28.752;	粗车 φ25mm 外圆至 −28.752mm 处（即点 2 处）
N300 G03 X29. Z−30.509 R20.5;	粗车 R20mm 圆弧 2 → 3 点
N310 G00 Z2.;	轴向快速退刀
N320 X21.;	径向快速进刀 φ21mm 外圆处
N330 G01 Z−27.393;	粗车 φ21mm 外圆至 −27.393mm 处（即点 1 处）
N340 G03 X25. Z−28.752 R20.5;	粗车 R20mm 圆弧 1 → 2 点
N350 G00 Z2.;	轴向快速退刀
N360 X16.8;	径向快速进刀 φ16.8mm 外圆处
N370 G01 Z−19.5;	粗车 φ16.8mm 外圆至 −19.5mm 处（即点 1 处）
N380 X22.;	径向退刀
N390 G40 G00 X200. M09;	取消刀尖半径补偿，快速径向退刀至 φ200 处，关切削液
N400 Z100.;	轴向快速退刀至 Z100 处，即换刀点 A
N410 T0100 M05;	取消 1 号刀补，主轴停转
N420 M00;	机床暂停，主轴手工换挡
N430 S1000 M03 T0202;	提高主轴转速至 1000r/min，主轴正转，选择 2 号刀调用 2 号刀补
N440 G42 G00 Z1.;	启动刀尖半径右补偿，轴向快速移至起刀点
N450 X10. M08;	径向快速移至起刀点，即 C2mm 倒角的延长线上
N460 G01 X15.8 Z−1.9;	精车倒角 C2mm
N470 Z−20.;	精车 M16 螺纹的大径至 −20mm 处
N480 X18.;	精车端面至 φ18mm 处
N490 X20. Z−21;	精车倒角 C1mm
N500 Z−27.679;	精车 φ20mm 外圆至圆弧起始处
N510 G03 X40. Z−45. R20;	精车 R20mm 圆弧面（球面）

N520 G01 X46.;	精车端面至 ϕ46mm 处
N530 X50. Z–47.;	精车倒角 C1mm
N540 G40 G00 X200. M09;	取消刀尖半径补偿，径向快速退刀，关切削液
N550 Z100. T0200;	轴向快速退刀至换刀点，取消 2 号刀补
N560 M05;	主轴停转
N570 M00;	暂停，主轴手工换挡，检查精车质量和尺寸
N580 S400 M03 T0303;	降低主轴转速至 400r/min，主轴正转，选择 3 号刀调用 3 号刀补
N590 G00 Z–20. M08;	轴向快速进刀，开切削液
N600 X20.;	径向快速进刀至切槽起始点
N610 G01 X12. F0.05;	径向切槽
N620 X17.;	径向退刀
N630 Z–18.5;	横向移动
N640 X14 Z–20;	车螺纹尾部倒角 C1mm
N650 X12.;	径向切入
N660 G00 X200. M09;	径向快速退刀，关切削液
N670 Z100. T0300;	轴向快速退刀至换刀点，取消 3 号刀补
N680 M05;	主轴停转
N690 S300 M03 T0404;	降低主轴转速至 300r/min，主轴正转，选择 4 号刀调用 4 号刀补
N700 G00 Z5. M08;	轴向快速进刀至车螺纹起始点，开切削液
N710 X20.;	径向快速进刀至车螺纹起始点
N720 G92 X15.1 Z–18 F2.;	螺纹切削固定循环 G92 开始，第一刀，螺距 2mm
N730 X14.5;	螺纹切削固定循环 G92 开始，第二刀
N740 X13.9;	螺纹切削固定循环 G92 开始，第三刀
N750 X13.5;	螺纹切削固定循环 G92 开始，第四刀
N760 X13.4;	螺纹切削固定循环 G92 开始，第五刀
N770 G00 X200. M09;	径向快速退刀，关切削液
N780 Z100. T0400;	轴向快速退刀至换刀点，取消 4 号刀补
N790 M30;	程序结束
%	

程序说明：

1）程序采用刀具偏置对刀建立工件坐标系，因此，程序执行之前必须分别对每把刀具进行对刀。

2）程序中采用刀尖圆弧半径补偿，因此还必须输入刀尖圆弧半径补偿参数。

3）粗车 R20mm 球面时采用了圆弧逼近零件表面，使得精车加工余量非常均匀，有利于球面加工质量的保证。

4）螺纹尾部的倒角，由切断刀完成，简化了刀具配置。

5）螺纹加工采用固定循环指令 G92，简化了编程。

6）精车外轮廓时顺便将 ϕ48mm 外圆的倒角加工出来，倒角时延长了约 1mm 轨迹。

7）程序加工之前，必须先手工车端面，钻中心孔，并调好尾顶尖。

8）由于使用了尾顶尖，为安全起见，进刀时先快速移动 Z 轴，然后再移动 X 轴。退刀时则刚好相反，先退 X 轴，再退 Z 轴至换刀点。

12. 刀具几何偏置对刀程序对刀说明及操作分析

本节介绍的数控加工程序是基于刀具的几何偏置设定工件坐标系的。在这种加工程序中，各把刀具之间的位置误差已经在几何偏置对刀时一并进行了设置，因此不存在标准刀与非标准刀之分。也就是说每把刀具只需按图 4-6a 所示的原理分别对刀即可。

多刀对刀时，由于采用试切法等方法可能存在误差，这时不需要重新对刀，只需通过磨损补偿进行修调即可。如图 4-10 所示，若 T0202 号刀具精加工后测量的结果是外径尺寸偏小 0.12mm，长度尺寸长了 0.25mm，则将 +0.12 和 −0.25 分别输入 W02 号磨损补偿存储器中的 X 和 Z 栏即可，下一个零件加工时就不存在这个误差了。3 号和 4 号偏置值的修调读者可自行分析。

图 4-10 偏置对刀偏置值及偏置修调

a) 偏置对刀值　b) 偏置修调值

4.2.2 标准刀对刀程序示例与分析

对于采用 G50 指令或 G54～G59 设定工件坐标系时，其对刀参数仅适用于一把刀具，一般将这把刀具称为标准刀或基准刀，而其他刀具，由于刀具安装的随机性，当它们转到工作位置时不可能做到刀位点与基准刀的刀位点重合，这时，就必须利用刀具的几何偏置对其位置进行修正，使其不需修改加工程序即能进行加工。这些基准刀之外的其他刀具称为非基准刀。

非基准刀偏置修正的实质相当于将基准刀对刀的工件坐标系进行了平移操作，使非基准刀在这个平移之后的坐标系中的运动能够加工出合格的零件。具体来说，就是将工作位置的非基准刀刀位点到基准刀刀位点的矢量分量分别存入相应刀补号中外形存储器中，通过非基准刀刀具指令的偏置调用实现非基准刀位置的修正。

从上面的分析可以看出，基准刀并不存在位置误差，因此不存在位置修正的问题，也就是说，基准刀的刀具偏置值必须清零。

下面通过一个零件加工程序说明基准刀对刀程序的编写方法及刀具对刀设置的分析。

例 4-3：如图 4-11 所示零件，要求编写数控车削的加工程序，并分别用 G50 指令和 G54～G59 指令设定工件坐标系。

1. 加工零件及加工要求（图 4-11）

零件的技术要求如图 4-11 所示，加工要求如下：

1）分析零件结构及工艺性，制订加工工艺。

2）要求手工编程，不得采用复合固定循环指令。

图 4-11　标准刀对刀加工示例图

2. 零件结构及工艺分析

该零件若用卧式车床加工，则由于球头的特殊形状而显得加工困难。但对数控加工而言，该零件外形轮廓并不复杂，加工精度要求不是很高，仅球头颈部 $\phi 22_{-0.02}^{0}$ mm 公差要求较高，但仍然可以通过数控车削加工完成。表面粗糙度上限值为 $Ra1.6\mu m$，其余为 $Ra3.2\mu m$。零件几何特征主要是圆柱、圆球、螺纹和倒角等。工件材料为 45 钢，加工性能较好。因此，数控车床可以完成全部工作。

该零件最大轮廓为 $\phi48mm×92mm$，考虑到棒料的供应状态及加工余量，选择 $\phi52mm$ 的棒料，下料尺寸为 $\phi52mm×95mm$。

由于该零件中间尺寸大于两端尺寸，因此，拟采用两次装夹完成。第一次加工零件右端的球头部分，然后调头加工左半边的螺纹部分。

3. 装夹方案

该零件直径不大，毛坯为圆棒料，第一次加工右半部分时采取通用的自定心卡盘装夹，加工球头、颈部和 $\phi48mm$ 的圆柱。但调头后由于 $\phi48mm$ 圆柱面较短，装夹不可靠，因此采用球头颈部装夹，制作一个剖分式的夹紧套进行装夹。详见图 4-12 和图 4-13。

4. 加工刀具的选择

考虑到零件的结构特点及加工要求，选取机夹可转位车刀，粗车与精车分别用刀，具体刀具如下：

外圆粗车刀：T0101，刀尖半径 0.8mm（并用于车端面）。

外圆精车刀：T0202，刀尖半径 0.4mm（还用于球头颈部凹槽的粗加工）。

切槽刀：T0303，刀宽 B=4mm（也可用于切断）。

螺纹车刀：T0404，60°螺纹车刀。

5. 切削用量的选择

粗车外圆：a_p=1.5～2mm，f=0.2～0.3mm/r，n=400r/min。

精车外圆：a_p=0.3～0.5mm，f=0.1mm/r，n=800r/min。

切槽：f=0.1mm/r，n=500r/min，刀宽 B=4mm。

车螺纹：n=300r/min。

6. 螺纹切削参数的确定

查表 1-5 可知螺距为 1.5mm 的螺纹一般车 4 刀，每次进刀径向尺寸见表 4-2。切入和切出距离分别为 3mm 和 2mm。螺纹大径取 35.8mm。

表 4-2　每次进刀径向尺寸　　　　　　　　　　（单位：mm）

次 数	余 量	径 向 尺 寸	次 数	余 量	径 向 尺 寸
1	0.8	36−0.8=35.2	3	0.4	34.6−0.4=34.2
2	0.6	35.2−0.6=34.6	4	0.16	34.2−0.16=34.04

7. 工件坐标系及相关位置点的选择

零件右半部分的加工采用工件端面中心作为工件坐标系，端面留 1mm 的加工余量，设置一个换刀点 A（160，200），如图 4-12a 中的起（退）刀点 S（E），下同。零件左端加工时为保证轴向尺寸，虽然其仍采用工件外端面中心为工件坐标系原点，但该点对刀时必须保证螺纹端面至 φ48mm 圆柱面靠球头顶部的端面尺寸，其端面的加工余量与毛坯长度有关，误差较大，因此可以手工粗车端面，并用这个切削动作对刀，确定工件坐标系 Z 轴位置。同样其也设置一个换刀点 A（160，200）。详见图 4-12 和图 4-13。

8. 加工工艺路线

右端的加工工艺路线为：粗车端面→粗车外轮廓→精车外轮廓。

调头手工车端面，保证工件长度，找正装夹，手动钻中心孔，上尾顶尖，开始加工。

左端的加工工艺路线为：粗车外圆和端面→精车外圆和端面→车槽（含倒角）→车螺纹。

9. 走刀路径的确定

右端球头及颈部的加工采用了单一循环指令 G90 车圆柱和 G90 变参数 R 车锥面逼近圆弧的方法粗车，颈部凹槽部分采用基本指令 G01/G02/G03 粗车。精车轮廓时，球头部分采用 R5mm 圆弧切入。其刀具路径及几何参数如图 4-12 所示。

图 4-12 右半部分的刀具路径及几何参数

a）刀具路径规划与几何参数　b）刀具路径

左端采用单一循环指令 G90 车圆柱，切断刀车槽，分两刀车，其中第二刀按 45°下刀车槽完成螺纹尾部的倒角。车螺纹采用螺纹切削循环指令 G92 车削加工。其刀具路径及几何参数如图 4-13 所示。

图 4-13 左半部分的刀具路径及几何参数

a）刀具路径规划与几何参数

图 4-13 左半部分的刀具路径及几何参数（续）

b）刀具路径

10. 数值计算

在图 4-12 和图 4-13 中，相关节点的坐标均是借助于 AutoCAD 作图获得，其尺寸值在图中均已标出。

11. 参考程序

（1）右半部分（球头等部分）的参考程序

程序	说明
%	
O4412;	程序名
N10 T0101;	调用 1 号刀及 1 号刀补
N20 G97 S500 M03;	恒转速控制，主轴正转，转速为 500r/min
N30 G00 G54 X160. Z200.;	G54 设定工件坐标系刀具快速移动至程序起始点 S
N40 G42 G00 X56. Z0.4 M08;	启动刀尖半径右补偿，快速定位至粗车端面起点，开切削液
N50 G99 G01 X0 F0.2;	定义转进给，粗车端面，进给速度为 0.2mm/r
N60 G00 X56. Z1.;	快速定位至粗车外圆起点
N70 G90 X49. Z−67. F0.3;	G90 指令粗车外圆柱，ϕ49mm
N80 X46. Z−59.5;	G90 指令粗车外圆柱，ϕ46mm
N90 X43.;	G90 指令粗车外圆柱，ϕ43mm
N100 X41.;	G90 指令粗车外圆柱，ϕ41mm
N110 G90 X41. Z−11.509 R−2.;	G90 指令圆锥粗车球头部分，大端 ϕ37mm
N120 R−4.;	G90 指令圆锥粗车球头部分，大端 ϕ33mm
N130 R−6.;	G90 指令圆锥粗车球头部分，大端 ϕ29mm
N140 R−8.;	G90 指令圆锥粗车球头部分，大端 ϕ25mm
N150 R−10.;	G90 指令圆锥粗车球头部分，大端 ϕ21mm
N160 R−12.509;	G90 指令圆锥粗车球头部分，大端 ϕ15.982mm
N170 G00 X0;	快速进刀至 X0 处
N180 G01 Z0.5;	Z 轴进刀至 Z0.5 处
N190 G03 X41. Z−20. R20.5;	粗车球头半球部分，留粗车余量 0.5mm
N200 G01 X42. M09;	X 轴退刀，关切削液
N210 G40 G00 X160. Z200.;	取消刀尖半径补偿，快速对刀至换刀点 E
N220 T0100;	取消 01 号刀的 01 号刀补
N230 T0202;	调用 02 号刀及 02 号刀补
N240 S800 M03;	提高主轴转速至 800r/min
N250 G42 G00 X43. Z−26.197 M08;	启动刀尖半径右补偿，快速定位至球头颈部粗车点

N260 G01 X41. F0.2;	垂直进刀至ϕ41mm处，进给速度为0.2mm/r
N270 X38.Z−27.697;	45°下刀粗车，背吃刀量为1.5mm
N280 Z−59.5;	球头颈部粗车第一刀，ϕ38mm
N290 X42.;	车球头颈底部的端面
N300 G00 X39. Z−27.697;	快速退刀至第二刀起始点
N305 G01 X38.;	垂直下刀至ϕ38mm处
N310 X35. Z−30.677;	斜线切入，背吃刀量为1.5mm
N320 Z−59.5;	球头颈部粗车第二刀，ϕ35mm
N330 X39.;	车球头颈底部的端面
N340 G00 X36. Z−30.677;	快速退刀至第三刀起始点
N345 G01 X35.;	垂直下刀至ϕ35mm处
N350 X32. Z−32.816;	斜线切入，背吃刀量为1.5mm
N360 Z−59.5;	球头颈部粗车第三刀，ϕ32mm
N370 X36.;	车球头颈底部的端面
N380 G00 X33. Z−32.816;	快速退刀至第四刀起始点
N390 G01 X32.;	垂直下刀至ϕ32mm处
N400 X29. Z−34.491;	斜线切入，背吃刀量为1.5mm
N400 Z−59.243;	球头颈部粗车第四刀，ϕ29mm
N410 X32. Z−59.5;	斜线逼近R5mm圆弧粗车
N420 X33.;	车球头颈底部的端面
N430 G00 X30. Z−34.491;	快速退刀至第五刀起始点
N440 G01 X29.;	垂直下刀至ϕ29mm处
N450 X26. Z−36.301;	斜线切入，背吃刀量为1.5mm
N450 Z−58.354;	球头颈部粗车第五刀，ϕ26mm
N460 G02 X29. Z−59.243 R4.5;	粗车颈部底部R5mm圆弧，留单面精车余量0.5mm
N470 G00 X27. Z−36.301;	快速退刀至第六刀起始点
N480 G01 X26.;	垂直下刀至ϕ26mm处
N490 G02 X23. Z−41.424 R9.5;	粗车球头底部R10mm圆弧至ϕ23mm处，留精车余量0.5mm
N500 G01 Z−55.;	球头颈部粗车第六刀，ϕ23mm
N510 G02 X26. Z−58.354 R4.5;	粗车颈部底部R5mm圆弧，留单面精车余量0.5mm
N520 G00 X60.;	X轴快速退刀至X60处
N530 Z5.;	Z轴快速定位至Z5处
N540 X−10.;	X轴快速定位至X−10处（精车圆弧切入的起点）
N550 G02 X0 Z0 R5 F0.1;	R5mm圆弧切入，开始精车球头轮廓
N560 G03 X28. Z−34.283 R20;	逆圆精车球头部分至尺寸
N570 G02 X22. Z−41.424 R10;	顺圆精车球头与颈部过渡圆弧R10mm
N580 G01 Z−55.;	精车球头颈部外圆至尺寸
N590 G02 X32. Z−60. R5.;	顺圆精车球头颈部与ϕ48mm圆柱端面的过渡圆弧R5mm
N600 G01 X46.;	精车ϕ48mm圆柱端面
N610 X48. Z−61.;	精车ϕ48mm圆柱倒角
N620 Z−67.;	精车ϕ48mm圆柱面
N630 X56. M09;	X轴退刀，关切削液
N640 G40 G00 X160. Z200.;	取消刀尖半径补偿，快速退刀至快速对刀至换刀点E
N650 T0200;	取消02号刀的02号刀补
N660 M30;	程序结束
%	

程序说明：

1）程序采用了 G54 指令建立工件坐标系（根据使用者的需要还可用 G54～G59 指令中的任意一个）。程序执行之前确定一把基准刀，如 T01 号刀。其他刀具则为非基准刀，如本例的 T02 号刀具。

2）基准刀对刀时，要注意必须将相应补偿存储器中的几何偏置值清零。非基准刀补偿储存器中输入的是非基准刀相对于基准刀的矢量的相应分量。

3）程序中采用刀尖圆弧半径补偿，可有效保证球头部分的加工精度。当然别忘了输入刀尖圆弧半径 R 和刀尖方向号 T。

4）粗车 Sϕ40mm 球面时采用了圆锥面粗车圆弧逼近，并用了一次沿轮廓粗车，尽可能保证精车加工余量的均匀性。球头颈部的粗车也是尽可能使精车加工余量均匀。精车余量的均匀性有利于提高精车加工精度。

5）程序中设置一个换刀点，其也是程序的起点 S 和结束点 E。

6）精车轮廓的切入采用了圆弧切线切入方式，使切入点尽可能光顺。切出点将 ϕ48mm 圆柱的端面延长了 1mm。

7）该程序的刀具路径可参阅图 4-12b。

8）对刀时注意端面留 1mm 左右的加工余量，即工件坐标系定在毛坯端面内部 1mm 处。

9）球头部分的尺寸主要控制 $\phi 22_{-0.02}^{0}$ 尺寸，其公差要求最严，若控制了该尺寸，则其他尺寸自然保证。具体可通过控制精车刀具 T0202 的 02 号补偿存储器中的磨损值来保证。

（2）左半部分（螺纹部分）的参考程序

```
%
O4413;                          程序名
N10 G50 X160. Z200. ;           G50 指令设定工件坐标系
N20 T0101;                      调用 01 刀及 01 号刀补
N30 G97 S500 M03;               恒转速控制，主轴正转，转速为 500r/min
N40 G00 X56. Z0 M08;            刀具快速定位至车端面的起始点，开切削液
N50 G99 G01 X0. F0.2;           定义转进给，车端面，进给速度为 0.2mm/r
N60 G00 Z2.;                    Z 轴退刀
N70 X56.;                       X 轴退刀至 G90 指令的起点处
N80 G90 X49. Z-25.8 F0.3;       G90 固定循环粗车外圆，$\phi$49mm
N90 X46.;                       G90 固定循环粗车外圆，$\phi$46mm
N100 X43.;                      G90 固定循环粗车外圆，$\phi$43mm
N110 X40.;                      G90 固定循环粗车外圆，$\phi$40mm
N120 X37.;                      G90 固定循环粗车外圆，$\phi$37mm
N130 G00 X27.8 Z2.;             快速定位至倒角延长线处（延长约 2mm）
N140 S800 M03;                  提高主轴转速至 800r/min
N150 G01 X35.8 Z-2. F0.15;      切线切入，精车倒角，进给速度为 0.15mm/r
N160 Z-26.;                     精车 M36 螺纹的大径至 $\phi$35.8mm
N170 X52. M09;                  精车端面
N180 G00 X160. Z200. T0100;     快速退刀至程序换刀点 E（结束点），取消 01 号刀的 01 号刀补
N190 T0303;                     调用 03 号刀的 03 号刀补
N200 S500 M03;                  降低主轴转速至 500r/min
N210 G00 X52. Z-26. M08;        快速定位至切槽起始点，开切削液
```

N220 G01 X32. F0.1;	车槽加工,进给量为 0.1mm/r
N230 G00 X40.;	X 轴快速退刀
N240 Z−20.;	横向移动 6mm
N250 G01 X32. Z−24.;	斜线车槽,顺便将螺纹结束处的倒角切除
N260 G00 X52. M09;	X 轴快速退刀,关切削液
N270 X160. Z200. T0303;	快速退刀至换刀点 E(结束点),取消 03 号刀的 03 号刀补
N280 T0404 M05;	调用 04 号刀的 04 号刀补,主轴停转
N290 M00;	机床暂停,手工换挡
N300 S300 M03;	降低主轴转速至 300r/min
N310 G00 X40. Z3.;	快速定位至车螺纹的起始点
N320 G92 X35.2 Z−22. F1.5;	螺纹车削循环指令 G92 车螺纹的第一刀
N330 X34.6;	G92 车螺纹的第二刀
N340 X34.2;	G92 车螺纹的第三刀
N350 X34.04;	G92 车螺纹的第四刀
N360 G00 X160. Z200. M09;	快速退刀至换刀点 E(结束点),关切削液
N370 T0400;	取消 04 号刀的 04 号刀补
N380 M30;	程序结束
%	

程序说明:

1)程序采用 G50 指令建立工件坐标系,这主要是为了讲解 G50 指令的需要,具体应用时可根据需要修改,如当前用得较多的是 G54~G59 指令。同样,多刀车削加工时,在程序执行之前也必须确定一把基准刀,如 T01 号刀。则其他刀具为非基准刀,如本例的 T03 和 T04 号刀具。

2)基准刀与非基准刀的刀具补偿存储器的设置同 G54~G59 指令建立工件坐标系。

3)本程序加工部分由于没有锥面和圆弧,因此未考虑刀尖圆弧半径补偿。

4)G90 指令粗车圆柱较基本指令编程车削可简化编程。

5)程序中同样必须设置一个换刀点,其也是程序的起点 S 和结束点 E。

6)精车轮廓的切入采用了倒角延长线切线切入方式,使倒角面不留刀路轨迹转换痕迹。

7)该程序的刀具路径可参阅图 4-13b。

8)由于毛坯长度的误差一般较大,对刀时可以先手工粗车一刀端面,留下适当的端面加工余量(约 1~2mm),对刀时注意保证工件坐标系原点至 ϕ48mm 圆柱球头侧端面的距离。

9)M36 螺纹的大径尺寸及螺纹径向尺寸的控制可以利用相应刀补存储器中的磨损补偿量进行修调控制。

12. 基准刀对刀程序的对刀说明及操作分析

基准刀对刀程序中必须确定一把基准刀,这把刀是设定工件坐标系时对刀用到的刀,其对刀原理参见图 4-4 和图 4-5。

非基准刀对刀就是要将处于工作位置的非基准刀到基准刀具的偏置矢量分量输入相应的刀具偏置存储器中。假设本例中的 4 把车刀处于工作位置时的位置关系如图 4-14 所示。图中假设 T0101 为基准刀,其用于设置工件坐标系,则 01 号偏置存储器中的几何偏置必须清零。当 T02 号刀转到工作位置时,其相对于基准刀的偏置矢量为 G_2,其矢量分量分别有 G_{2x}

和 G_{2z}，只要将该两个矢量值输入 02 号偏置存储器相应的存储器中即可，当程序运行调用 02 号刀具补偿时，即可修正 T02 号刀具的安装误差，其结果相当于刀位点在基准刀刀位点时的加工结果。同理，将 T03 号刀的偏置矢量分量 G_{3x} 和 G_{3z} 及 T04 号刀的偏置矢量分量 G_{4x} 和 G_{4z} 输入 03 号和 04 号刀具偏置存储器中，即完成了非基准刀 T03 和 T04 号刀的对刀过程。

图 4-14 基准刀具与非基准刀具的位置关系
a) 基准刀　b) T02 号刀　c) T03 号刀　d) T04 号刀

图 4-15 所示为刀具偏置存储器几何偏置部分的操作界面，若 01 号存储器为基准刀用的，则其的几何偏置量必须清零。同时，其他刀具偏置存储器即可认为是非标准刀的存储器，分别用于存放非基准刀的偏置矢量分量，如图中存放 T0202 号刀的 02 号存储器中的存放位置。注意，所谓矢量即是包含正/负号的。关于这些偏置矢量输入的操作过程，可参阅 3.10.1 节中有关界面下部 [INP.C.] 软键的应用示例。

图 4-15 刀具偏置存储器几何偏置部分的操作界面

4.2.3　刀尖圆弧半径补偿分析与数据设定

在 1.6.8 节介绍刀尖圆弧半径补偿指令时谈到，由于刀尖圆弧的存在，在加工圆弧和锥面时必然存在加工误差（欠切或过切）。因此，对于圆弧或锥面有精度要求时，必须使用刀尖圆弧半径补偿指令 G41、G42 和 G40。使用刀尖圆弧半径补偿指令时，必须知道刀尖圆弧半径值和理论刀尖方向号,并且必须在程序执行之前通过 MDI 面板输入 CNC 系统中。下面通过一个示例进行说明。

例 4-4:已知图 4-16 所示零件,要求编写数控车削加工程序,并重点分析刀尖圆弧半径补偿指令及其设置。

1. 加工零件及加工要求(图 4-16)

技术要求如图 4-16 所示,加工要求如下:

1)分析零件结构及工艺性,制订加工工艺。

2)要求手工编程,不得采用复合固定循环指令,两个槽采用子程序加工。

图 4-16 刀尖圆弧半径补偿加工示例图

2. 零件结构及工艺分析

该零件与图 4-11 所示零件比较相似,仅中间多了两个 V 形槽。就零件结构来说,比较适合用数控车削加工。

该零件最大轮廓为 $\phi 48mm \times 105mm$,考虑到棒料的供应状态及加工余量,选择 $\phi 52mm$ 的棒料,下料尺寸为 $\phi 52mm \times 108mm$。

根据该零件的结构特点,拟采用两次装夹完成。第一次加工零件右端的螺纹和中间的两个 V 形槽,然后调头加工左端的 $S\phi 44mm$ 的球头及颈部。注意到球头部分的直径有公差要求,为保证加工精度,必须采用刀尖圆弧半径补偿。该零件虽然槽的数量不多,采用子程序调用的程序结构效果不是很明显,但作为一种程序结构,在多槽加工时是一种值得考虑的程序结构。

3. 装夹方案

该零件直径不大,毛坯为圆棒料,第一次加工右半部分时采取通用的自定心卡盘装夹,加工螺纹和 V 形槽。调头后用铜皮包覆 V 形槽处的 $\phi 48mm$ 圆柱面,加工球头部分。装夹方案详见图 4-17 和图 4-18。

4. 加工刀具的选择

考虑到零件的结构特点及加工要求,选取机夹可转位车刀,粗车与精车分别用刀,具体刀具如下：

外圆粗车刀：T0101，刀尖半径 0.8mm（并用于车端面）。

外圆精车刀：T0202，刀尖半径 0.4mm（还用于球头颈部凹槽的粗加工）。

切槽刀：T0303，刀宽 B=3mm。

螺纹车刀：T0404，60°螺纹车刀。

5. 切削用量的选择

粗车外圆：a_p=1.5～2mm，f=0.2～0.3mm/r，n=500r/min。

精车外圆：a_p=0.3～0.5mm，f=0.1mm/r，n=800r/min。

切槽：f=0.1mm/r，n=500r/min，刀宽 B=3mm。

车螺纹：n=300r/min

6. 螺纹切削参数的确定

查表 1-5 可知螺距为 1.5mm 的螺纹一般车 4 刀，每次进刀径向尺寸见表 4-3。切入距离取 3mm，为保证 18mm 的有效螺纹长度，将切螺纹的长度延长 2mm，即取螺纹长度为 20mm。螺纹大径取 29.9mm。

图 4-17 右半部分的刀具路径及几何参数

a）刀具路径规划与几何参数 b）刀具路径

图 4-18 左半部分的刀具路径及几何参数

a）刀具路径规划与几何参数 b）刀具路径

表 4-3 每次进刀径向尺寸 （单位：mm）

次 数	余 量	径向尺寸	次 数	余 量	径向尺寸
1	0.8	30−0.8=29.2	3	0.4	28.6−0.4=28.2
2	0.6	29.2−0.6=28.6	4	0.16	28.2−0.16=28.04

7. 工件坐标系及相关位置点的选择

零件右半部分的加工采用工件端面中心作为工件坐标系，端面留 0.5mm 的加工余量，设置一个换刀点 A（160, 200）。零件左端加工对刀时，必须保证工件坐标系与总长度的关系，同样其也设置一个换刀点 A（160, 200）。详见图 4-17 和图 4-18。

8. 加工工艺路线

右端的加工工艺路线为：车端面→粗车圆柱轮廓→精车圆柱轮廓→子程序调用切槽→车螺纹。

调头手工车端面，保证工件长度，找正装夹，其左端的加工工艺路线为：车端面→粗车球冠部分→粗车球头颈部→精车球头及颈部。

9. 走刀路径的确定

右端的加工采用了单一循环指令 G90 粗车圆柱，基本指令精车，精车时从倒角轮廓延长线上切入。用切槽刀车 V 形槽，最后车螺纹。其刀具路径及几何参数如图 4-17 所示。

左端球头及颈部的加工原理与图 4-12 相似，这里不再赘述。其刀具路径及几何参数如图 4-18 所示。

10. 数值计算

在图 4-17 和图 4-18 中，相关节点的坐标均是借助于 AutoCAD 作图获得，其尺寸值在图中均已标出。

11. 参考程序

（1）右半部分（螺纹及 V 形槽）的参考程序　右半部分加工时，两个槽加工采用了子程序调用的方式编程，具体如下。

1）主程序如下。

%	程序开始符
O4417;	程序名（主程序）
N10 T0101;	调用 1 号刀及 1 号刀补
N20 G97 S500 M03;	恒转速控制，主轴正转，转速为 500r/min
N30 G00 G54 X160. Z200.;	G54 设定工件坐标，刀具快速移动至程序换刀点 A
N40 X56. Z0 M08;	快速定位至车端面起点，开切削液
N50 G01 X0 F0.15;	车端面，进给速度为 0.15mm/r
N60 G00 X52. Z2.;	快速定位至粗车外圆起点
N70 G90 X49. Z–54. F0.3;	G90 指令粗车外圆柱，ϕ49mm
N80 X46. Z–24.7;	G90 指令粗车外圆柱，ϕ46mm
N90 X43.;	G90 指令粗车外圆柱，ϕ43mm
N100 X40.;	G90 指令粗车外圆柱，ϕ40mm
N110 X37.;	G90 指令粗车外圆柱，ϕ37mm
N120 X34.;	G90 指令粗车外圆柱，ϕ34mm
N130 X31.;	G90 指令粗车外圆柱，ϕ31mm
N140 G00 X160. Z200. T0100 M09;	快速退刀至换刀点 A，取消 01 号刀补，关切削液
N150 T0202;	调用 02 号刀及 02 号刀补
N160 S800 M03;	提高主轴转速至 800r/min
N170 G00 X21.9 Z2. M08;	快速定位至倒角轮廓延长线处，开切削液
N180 G01 X29.9 Z–2. F0.1;	车倒角
N190 Z–25.;	车螺纹大径
N200 X48.;	车端面
N210 Z–54.;	车 V 形槽处的外圆
N220 X54. M09;	X 轴退刀，关切削液
N230 G00 X160. Z200. T0200;	快速退刀至换刀点，取消 02 号刀的 02 号刀补
N240 T0303;	调用 03 号刀及 03 号刀补
N250 S500 M03;	降低主轴转速至 500r/min
N260 G00 X54. Z–34.5 M08;	快速定位至右端的第一条槽处，开切削液

N270 M98 P0517;	调用车槽子程序 O0517 一次
N280 G00 Z−46.5;	快速定位至右端的第二条槽处
N290 M98 P0517;	调用车槽子程序 O0517 一次
N300 M09;	关切削液
N310 G00 X160. Z200. T0300;	快速退刀至换刀点，取消 03 号刀的 03 号刀补
N320 T0404 M05;	调用 04 号刀及 04 号刀补，主轴停转
N330 M00;	机床暂停，手工换挡
N340 S300 M03;	降低主轴转速至 300r/min
N350 G00 X34. Z3. M08;	快速定位至车螺纹起点，开切削液
N360 G92 X29.21 Z−20. F1.5;	车螺纹第一刀
N370 X28.6;	车螺纹第二刀
N380 X28.2;	车螺纹第三刀
N390 X28.04;	车螺纹第四刀
N400 G00 X160. Z200. M09;	快速退刀至换刀点，关切削液
N410 T0400;	取消 04 号刀的 04 号刀补
N420 M30;	程序结束
%	程序结束符

2）子程序如下。

%	程序开始符
O0417;	程序名（子程序）
N20 G01 U−16.;	径向车槽至槽底
N30 G04 P1000;	暂停 1s
N40 G00 U16.;	径向快速退刀
N50 W−3.434;	左移 3.434mm
N60 G01 U−16. W3.475;	车槽左侧壁至槽底
N70 G00 U16.;	径向快速退刀
N80 W3.475;	右移 3.475mm
N90 G01 U−16. W−3.475;	车槽右侧壁至槽底
N100 G00 U16.;	径向快速退刀
N110 M99;	子程序结束，返回主程序
%	程序结束符

程序说明：

①程序采用 G54 指令建立工件坐标系（根据使用者的需要还可用 G54～G59 指令中的任意一个）。程序执行之前必须对刀确定基准刀及非基准刀的偏置矢量，基准刀与非基准刀对刀的注意事项见上例。

②零件左端未采用刀尖圆弧半径补偿。

③程序中使用 G90 固定循环指令进行粗车，简化了编程。

④精车外轮廓采用倒角轮廓线延长处切线切入。

⑤该程序的刀具路径可参阅图 4-17b。

（2）左半部分（球头及其颈部）的参考程序　如下。

%	程序开始符
O4418;	程序名

N10 T0101;	调用 01 号刀及 01 号刀补
N20 G97 S500 M03;	恒转速控制，主轴正转，转速为 500r/min
N30 G00 G54 X160. Z200. M08;	G54 设定工件坐标系，快速定位至换刀点，开切削液
N40 G42 X56. Z0.5;	启动刀尖半径右补偿，快速定位至车端面起点，留 0.5mm 余量
N50 G01 X0 F0.15;	定义转进给，车端面，进给速度为 0.15mm/r
N60 G00 X52. Z2.;	快速定位至 G90 指令的起始点
N70 G90 X49. Z−51.7 F0.3;	G90 固定循环指令粗车外圆，ϕ49mm，进给量为 0.3mm/r
N80 X46.;	G90 固定循环指令粗车外圆，ϕ46mm
N90 G90 X46. Z−13.18 R−2.;	G90 固定循环指令粗车圆锥面第一刀，大端 ϕ42mm
N100 R−4.;	G90 固定循环指令粗车圆锥面第二刀，大端 ϕ38mm
N110 R−6.;	G90 固定循环指令粗车圆锥面第三刀，大端 ϕ34mm
N120 R−8.;	G90 固定循环指令粗车圆锥面第四刀，大端 ϕ30mm
N130 R−10.;	G90 固定循环指令粗车圆锥面第五刀，大端 ϕ26mm
N140 R−12.;	G90 固定循环指令粗车圆锥面第六刀，大端 ϕ22mm
N150 R−14.;	G90 固定循环指令粗车圆锥面第七刀，大端 ϕ18mm
N160 R−15.18;	G90 固定循环指令粗车圆锥面第八刀，大端 ϕ15.64mm
N170 G00 X0;	X 轴快速定位至 X0 处
N180 Z0.5;	Z 轴定位至 Z0.5 处
N190 G03 X45. Z−22. R22.5;	粗车球头球冠部分
N200 G01 Z−51.7;	粗车球头颈部圆柱，ϕ45mm
N210 X52.;	粗车端面
N220 G40 G00 X160. Z200. T0100;	取消刀尖半径补偿，快速退刀至换刀点，取消 01 号刀补
N230 T0202;	调用 02 号刀及 02 号刀补
N240 G42 G00 X48. Z−22.;	启动刀尖半径右补偿，快速定位至球头颈部第一刀起点处
N250 G01 X45. F0.2;	X 轴进刀，进给速度为 0.2mm/r
N260 G03 X43. Z−28.633 R22.5;	沿球头颈部圆弧粗车
N270 G01 Z−51.7;	车颈部圆柱，ϕ43mm
N280 X46.;	车端面
N290 G00 X44. Z−28.633;	快速定位至球头颈部第二刀起点处
N300 G01 X43.;	X 轴进刀
N310 G03 X40. Z−32.308 R22.5;	沿球头颈部圆弧粗车
N320 G01 Z−51.7;	车颈部圆柱，ϕ40mm
N330 X44.;	粗车端面
N340 G00 X41. Z−32.308;	快速定位至球头颈部第三刀起点处
N350 G01 X40.;	X 轴进刀
N360 G03 X37. Z−34.806 R22.5;	沿球头颈部圆弧粗车
N370 G01 Z−51.7;	车颈部圆柱，ϕ37mm
N380 X41.;	粗车端面
N390 G00 X38. Z−34.806;	快速定位至球头颈部第四刀起点处
N400 G01 X37.;	X 轴进刀
N410 G03 X34. Z−36.82 R22.5;	沿球头颈部圆弧粗车
N420 G01 Z−51.7;	车颈部圆柱，ϕ34mm
N430 X38.;	粗车端面
N440 G00 X35. Z−36.82;	快速定位至球头颈部第五刀起点处

N450 G01 X34.;	X轴进刀
N460 G03 X33. Z−37.292 R22.5;	沿球头颈部圆弧粗车
N470 G01 Z−51.7;	车颈部圆柱，ϕ33mm
N480 X52.;	粗车端面
N490 G00 Z5.;	Z轴定位至精车起点
N500 X−10.;	X轴定位至切入圆弧的起点
N510 G02 X0 Z0 R5. F0.1;	R5mm 圆弧切线切入
N520 G03 X32. Z−37.1 R22.;	精车球头部分
N530 G01 Z−52.;	精车球头颈部
N540 X52. M09;	精车颈底部连接处的端面，关切削液
N550 G40 G00 X160. Z200.;	取消刀尖半径补偿，快速退刀至换刀点
N560 T0200;	取消02号刀补
N570 M30;	程序结束
%	程序结束符

程序说明：

1）程序采用了G54指令建立工件坐标系，基准刀与非基准刀对刀方法同前面的介绍。

2）注意体会程序中G90指令的应用方法。

3）程序采用刀尖圆弧半径右补偿，可较好地保证球头部分的加工精度。

4）程序执行之前必须通过MDI面板将T01和T02号刀具的刀尖圆弧半径和理论刀尖方向号输入相应的刀具补偿存储器中。

5）程序中设置一个换刀点A，其也是程序的起点S和程序的结束点E。

6）精车轮廓的切入采用了圆弧切线切入方式，使切入点尽可能光顺。

7）该程序的刀具路径可参阅图4-18b。

8）对刀时注意保证零件长度。

9）球头部分的尺寸主要控制ϕ（44±0.02）mm，具体可通过控制精车刀具T0202的02号补偿存储器中的磨损值进行保证。

12. 刀尖圆弧半径补偿的参数及操作分析

刀尖圆弧半径补偿的参数包括刀尖圆弧半径值和理论刀尖方向号，前者在选择刀具的刀片时能够知道，后者可参阅1.6.8节中的内容。补偿参数的输入位置参见图4-15，输入操作方法可参阅3.10.1章节中有关界面下部［输入］和［＋输入］软键的应用示例。

4.2.4 刀具偏置功能对工件加工尺寸的调整与控制

任何工件的加工都有尺寸要求，工件尺寸数据的处理不合理、对刀误差和刀具磨损等均会造成加工尺寸的超差。因此，合理地处理工件尺寸的编程数据，采用准确合理的对刀方法及实际加工尺寸的正确调整是保证加工尺寸的有效方法。本节通过一个加工示例，探讨如何合理地处理工件的编程尺寸，如何通过数控车床的偏置补偿调整工件尺寸达到控制工件加工尺寸的目的。

例4-5：已知图4-19所示零件，要求编写数控车削加工程序，并重点讨论加工尺寸的控制方法及如何调整和控制对刀及刀具磨损误差。

图 4-19 尺寸的调整与控制示例图

1. 加工零件及加工要求（图 4-19）

工件材料为 45 钢，小批量生产，加工要求如下：

1）分析零件结构及工艺性，制订加工工艺。
2）要求手工编程。
3）毛坯尺寸为 $\phi 55mm \times 149mm$。

2. 零件结构及工艺分析

该零件结构包括圆柱、圆锥、圆弧曲面、槽和螺纹等，比较适合用数控车削加工。

从图 4-19 上看，其尺寸标注比较完整，如外圆柱 $\phi 52_{-0.03}^{0}$ mm 和内孔 $\phi 28_{0}^{+0.04}$ mm、圆弧曲面部分多个径向尺寸公差标注不同，三个槽的槽距和槽宽有公差要求，螺纹的大径公差 6g 要求等。如何在加工中有效地控制这些尺寸及公差是本例探讨的重点。

根据该零件的结构特点，拟采用两次装夹完成。第一次加工零件左端部分，包括螺纹、圆柱 $\phi 52_{-0.03}^{0}$ mm 及圆锥部分和三条槽，通过合理控制刀具补偿来控制尺寸。注意到槽宽有公差要求，因此利用刀具宽度控制槽宽尺寸比较困难，这里拟采用 2mm 宽的切槽刀通过程序和刀具补偿进行控制。然后，调头车削右端的内孔、圆弧曲面和颈部 $\phi 35_{-0.03}^{0}$ mm 圆柱，要注意调整圆弧曲面的半径尺寸，按中值尺寸进行编程。

3. 装夹方案

该零件直径不大，毛坯为圆棒料，第一次加工左半部分时采取通用的自定心卡盘装夹，调头后用铜皮包覆 $\phi 52_{-0.03}^{0}$ mm 的圆柱面，加工右半部分的圆弧曲面和内孔，保证同轴度要求。装夹方案详见图 4-20 和图 4-21。

4. 加工刀具的选择

考虑到零件的结构特点及加工要求，选取机夹可转位车刀，粗车与精车分别用刀，具体刀具如下：

外圆粗车刀：T0101，刀尖半径 0.8mm（并用于车端面）。

外圆精车刀：T0202 和 T0205，刀尖半径 0.4mm（并用于右端圆弧曲面等的粗车）。

内圆车刀：T0306（这里假设车床刀位数为 4，若刀架上的刀位数多时，可将刀位号编为其他号）。

切槽刀：T0303 和 T0313，刀宽 B=2mm。

螺纹车刀：T0404，60°螺纹车刀。

麻花钻头：ϕ12mm（手动钻孔，不对其进行刀具编号）。

5. 切削用量的选择

粗车外圆：a_p=1.5～2mm，f=0.2～0.3mm/r，n=500r/min。

精车外圆：a_p=0.3～0.5mm，f=0.1mm/r，n=800～1000r/min。

切槽：f=0.1mm/r，n=500r/min，刀宽 B=2mm。

车螺纹：n=300r/min。

6. 螺纹切削参数的确定

螺纹的切削参数包括车螺纹前螺纹大径尺寸的确定、螺纹切削次数、每次切削径向尺寸的计算和切入/切出距离的选择。

由于该零件螺纹公差为 6g，查表得大径尺寸为 $\phi 30_{-0.318}^{-0.038}$mm，考虑到外圆柱 $\phi 52_{-0.03}^{0}$mm 尺寸的公差变化范围，取螺纹大径的尺寸为 29.8mm。

查表 1-5 可知螺距为 2mm 的螺纹一般车 5 刀，每次进刀径向尺寸见表 4-4。切入距离取 4mm（2 倍的螺距）。为保证 25mm 的有效螺纹长度，将切螺纹的长度延长 2mm，即取螺纹长度为 27mm。

表 4-4　每次进刀径向尺寸　　　　　　　　　（单位：mm）

次 数	余 量	径向尺寸	次 数	余 量	径向尺寸
1	0.8	29.8−0.9=28.9	4	0.4	27.7−0.4=27.3
2	0.6	28.9−0.6=28.3	5	0.16	27.3−0.1=27.2
3	0.6	28.3−0.6=27.7			

7. 工件坐标系及相关位置点的选择

零件左半部分的加工采用工件端面中心作为工件坐标系，端面留 15mm 的加工余量，设置一个换刀点 A（160，200）。零件右端加工对刀时，必须保证工件坐标系与总长度的关系，同样其也设置一个换刀点 A（160，200）。详见图 4-20 和图 4-21。

8. 加工工艺路线

左端的加工工艺路线为：车端面→粗车圆柱轮廓→粗车圆锥轮廓→精车圆柱和圆锥轮廓→切槽→车螺纹。注意精车时切入处（倒角部分）切线延长约 2mm，切出处（圆锥部分）切线延长约 1mm。切槽工艺采用 G75 指令粗切槽，用 G94 指令精切槽的左端面，换用一个刀具补偿精切槽的右端面，G94 指令切至槽底时有一个轴向走刀，可保证槽底的直径及加工质量。

调头手工车端面，保证工件长度，找正装夹对刀，其左端的加工工艺路线为手动钻孔→车端面→粗、精车圆弧曲面轮廓（G73 和 G70 指令）→车内孔。这里采用 G73 指令粗车曲面虽然有一定的空切路径，但考虑到该曲面的直径差并不太大，空切路径并不太多，且采用G73指令可以有效地简化编程工作量。内孔车削前手工钻孔的直径可以根据内圆刀杆的尺寸而有所变化，若刀杆尺寸稍大时，可考虑"钻-扩"工艺适当扩大车内孔的底孔直径。

9. 走刀路径的确定

左端的加工调用T0101粗车刀先车端面，然后采用单一循环指令G90粗车圆柱和锥面。调用T0202号刀，采用基本指令精车，精车时从倒角轮廓延长线上切入，02号补偿存储器中的补偿值可以控制工件的径向尺寸公差。用2mm宽的切槽刀切槽，调用T0303切槽刀和补偿存储器，用G75指令粗切槽，两侧各留0.5mm的精车余量，然后用G94指令精车槽左侧面，03号补偿存储器中的补偿值可以控制槽的位置尺寸，再调用T0313号补偿存储器的补偿值车槽的右侧面，13号补偿存储器中的补偿值可以控制槽的宽度。其刀具路径及几何参数如图4-20所示。

图4-20 左半部分的刀具路径及几何参数
a) 刀具路径规划与几何参数　b) 刀具路径

右端加工先调用 T0101 粗车刀车端面。然后调用 T0205 精车刀和补偿值，用 G73 与 G70 复合固定循环指令对曲面轮廓进行粗、精车，注意引入/引出长度适当延伸。调用 T0306 内圆车刀用 G90 指令粗、精车内孔。其刀具路径及几何参数如图 4-21 所示。

图 4-21　右半部分的刀具路径及几何参数

a) 刀具路径规划与几何参数　b) 刀具路径

10. 数值计算

在图 4-20 和图 4-21 中，相关节点的坐标均是借助于 AutoCAD 作图获得，其尺寸值在图中均已标出。注意，绘图时必须按调整后的尺寸进行绘制，否则查询的节点坐标存在误差。

11. 参考程序及分析

（1）左半部分参考程序　具体如下。

%	程序开始符
O4420;	程序名
N10 T0101;	调用 1 号刀及 1 号刀补
N20 G97 S500 M03;	恒转速控制，主轴正转，转速为 500r/min
N30 G00 G54 X160. Z200.;	G54 设定工件坐标系，刀具快速移动至换刀点 A
N40 X58. Z0 M08;	快速定位至车端面起点，开切削液
N50 G01 X0 F0.15;	车端面，进给速度为 0.15mm/r
N60 G00 X56. Z2.;	快速定位至粗车外圆起点
N70 G90 X53. Z–81. F0.3;	G90 指令粗车外圆柱，ϕ53mm
N80 X50. Z–34.3;	G90 指令粗车外圆柱，ϕ50mm
N90 X47. Z–32.7;	G90 指令粗车外圆柱，ϕ47mm
N100 X44.;	G90 指令粗车外圆柱，ϕ44mm
N110 X41.;	G90 指令粗车外圆柱，ϕ41mm
N120 X38.;	G90 指令粗车外圆柱，ϕ38mm
N130 X35.;	G90 指令粗车外圆柱，ϕ35mm
N140 X32.;	G90 指令粗车外圆柱，ϕ32mm
N150 X30.8;	G90 指令粗车外圆柱，ϕ30.8mm
N160 G00 X160. Z200. T0100 M09;	快速退刀至换刀点 A，取消 01 号刀补，关切削液
N170 T0202;	调用 02 号刀及 02 号刀补
N180 S800 M03;	提高主轴转速至 800r/min
N190 G42 G00 X58. Z–48.174 M08;	快速定位至车锥度起点，启动刀尖半径右补偿，开切削液
N200 G90 X50. Z–81 R1.5;	G90 指令粗车外锥面，小端 ϕ50mm
N210 G90 X47. Z–81 R3.0;	G90 指令粗车外锥面，小端 ϕ47mm
N220 G90 X44. Z–81 R4.5;	G90 指令粗车外锥面，小端 ϕ44mm
N230 G90 X42. Z–81 R6.0;	G90 指令粗车外锥面，小端 ϕ42mm
N240 G00 Z2.;	Z 轴退刀至 Z2 处
N250 X21.8;	X 轴退刀至精车起点（倒角延长线处）
N260 G01 X29.8 Z–2. F0.1;	精车倒角，进给速度为 0.1mm/r
N270 Z-33.;	精车 ϕ29.8mm 螺纹大径
N280 X45.985;	精车端面
N290 X51.985 Z–36.;	精车倒角
N300 Z-51.;	精车 ϕ52mm 外圆
N310 X41.405 Z–81.;	精车锥面
N320 G00 X56. M09;	X 轴退刀，关切削液
N330 G40 G00 X160. Z200. T0200;	快速退刀至换刀点，取消刀尖半径补偿，取消 02 号刀补
N340 T0303;	调用 03 号刀及 03 号刀补
N350 S500 M03;	降低主轴转速至 500r/min
N360 G00 X52. Z–59.5 M08;	快速定位至右侧槽中心，开切削液
N370 G75 R1.;	设置 G75 指令的参数，车三条槽
N380 G75 U–13. W–12. P2000 Q6000 F0.1;	
N390 G94 X39. W–0.5;	G94 指令车右槽的左端面
N400 G00 W–6.;	左移 6mm
N410 G94 X39. W–0.5;	G94 指令车中槽的左端面
N420 G00 W–6.;	左移 6mm

N430 G94 X39. W-0.5;	G94 指令车左槽的左端面
N440 T0300;	取消 03 号刀补
N450 T0313;	调用 13 号刀补
N460 G00 Z-59.5;	快速定位至右侧槽中心
N470 G94 X39. W0.5;	G94 指令车右槽的右端面
N480 G00 W-6.;	左移 6mm
N490 G94 X39. W0.5;	G94 指令车中槽的右端面
N500 G00 W-6.;	左移 6mm
N510 G94 X39. W0.5;	G94 指令车左槽的右端面
N520 G00 X160. M09;	X 轴快速退刀,关切削液
N530 Z200. T0300 M05;	Z 轴快速退刀至换刀点,取消 13 号刀补,主轴停转
N540 M00;	程序暂停,手工换挡
N550 T0404;	调用 04 号刀及 04 号刀补
N560 S300 M03;	主轴正转,转速为 300r/min
N570 G00 X36. Z4. M08;	刀具快速定位至 G92 指令车螺纹起始点
N580 G92 X29.1 Z-27. F2.;	G92 指令车螺纹第一刀
N590 X28.5;	G92 指令车螺纹第二刀
N600 X27.9;	G92 指令车螺纹第三刀
N610 X27.5;	G92 指令车螺纹第四刀
N620 X27.4;	G92 指令车螺纹第五刀
N630 G000 X160. M09;	X 轴快速退刀,关切削液
N640 Z200. T0400;	Z 轴快速退刀,取消 04 号刀补
N650 M30;	程序结束
%	程序结束符

程序分析及说明:

1) 程序采用了 G54 指令建立工件坐标系,基准刀与非基准刀对刀方法同前面的介绍。

2) 注意体会程序中 G90 指令的应用方法,特别是车锥面的用法。

3) 程序采用刀尖圆弧半径右补偿,可较好地保证锥面部分的加工精度。

4) 程序执行之前,必须通过 MDI 面板将各刀具的刀补值及刀尖圆弧半径和理论刀尖方向号输入相应的刀具补偿存储器中。

5) 程序中设置一个换刀点 A,其也是程序的起点和结束点。

6) 首件试切后,通过测量零件尺寸,确定各补偿值的调整量,调整值输入偏置存储器的磨损补偿存储器中。其中,02 号存储器的 X 轴补偿值用于调整和控制 $\phi 52_{-0.03}^{0}$mm 圆柱尺寸,该尺寸控制后,螺纹大径和锥面的径向尺寸自然得到保证;03 号存储器的 Z 轴补偿值用于控制槽的横向位置尺寸,X 轴补偿值用于控制槽的深度尺寸;13 号存储器的 Z 轴补偿值用于控制槽的宽度;04 号存储器的 X 轴补偿值用于调整和控制 M30 螺纹的径向尺寸,Z 轴补偿值用于控制螺纹的长度。

7) 精车轮廓的切入采用圆弧切线切入方式,使切入点尽可能光顺。

8) 该程序的刀具路径可参阅图 4-20b。

(2) 右半部分参考程序 具体如下。

%	程序开始符
O4421;	程序名
N10 T0205;	调用 2 号刀及 5 号刀补（调整和控制曲面部分的径向尺寸）
N20 G97 S500 M03;	恒转速控制，主轴正转，转速为 500r/min
N30 G00 G54 X160. Z200.;	G54 设定工件坐标系，刀具快速移动至换刀点 A
N40 X58. Z0 M08;	快速定位至车端面起点，开切削液
N50 G01 X11. F0.15;	车端面，进给速度为 0.15mm/r
N60 G42 G00 X75. Z6.5;	快速定位至 G73 指令的起始点，启动刀尖半径右补偿
N70 G73 U12.5 W0 R12;	设置 G73 指令的相关参数，粗车圆弧曲面（注意共车削了 12
N80 G73 P90 Q140 U1.0 W0 F0.2;	刀），循环程序段为 N90～N140
N90 G00 X35.859 Z1.5 F0.1 S800;	快速定位，循环开始程序段 ns，精车进给量为 0.1mm/r，转速为 800r/min
N100 G03 X35.075 Z−31.384 R24.;	车削 ϕ48mm 球面
N110 G02 X36.352 Z−44.335 R9.;	车削 R9mm 凹圆弧面
N120 G03 X34.985 Z−57. R8.;	车削 R8mm 凸圆弧面
N130 G01 Z−65.;	车削 ϕ35mm 圆柱面
N140 X44.;	车端面，循环结束程序段 nf
N150 G70 P90 Q140;	精车轮廓 ns → nf 程序段
N160 G40 G00 X160. M09;	取消刀尖圆弧半径补偿，X 轴快速退刀，关切削液
N170 Z 200. T0200;	Z 轴快速退刀，取消 05 号刀补
N180 T0306;	调用 03 号刀及 06 号刀补（调整和控制内孔的径向尺寸）
N190 S900 M03;	提高主轴转速至 900r/min
N200 G00 X10. Z2. M08;	快速定位至 G90 程序的起始点
N210 G90 X14. Z−26. F0.15;	G90 指令粗车内孔至 ϕ14mm
N220 X16.;	G90 指令粗车内孔至 ϕ16mm
N230 X18.;	G90 指令粗车内孔至 ϕ18mm
N240 X20.;	G90 指令粗车内孔至 ϕ20mm
N250 X22.;	G90 指令粗车内孔至 ϕ22mm
N260 X24.;	G90 指令粗车内孔至 ϕ24mm
N270 X26.;	G90 指令粗车内孔至 ϕ26mm
N280 X27.4;	G90 指令粗车内孔至 ϕ27.4mm
N290 X28. F0.1;	G90 指令精车内孔至 ϕ28mm
N300 G00 Z200. M09;	Z 轴快速退刀，关切削液
N310 X160. T0300;	X 轴快速退刀，取消 06 号刀补
N320 M30;	程序结束
%	程序结束符

程序分析与说明：

1）程序采用 G54 指令建立工件坐标系，基准刀与非基准刀对刀方法同前面的介绍。

2）注意体会程序中 G90 指令的应用方法，特别是锥度螺纹的用法。

3）程序采用刀尖圆弧半径右补偿，可较好地保证锥面部分的加工精度。

4）曲面部分选用 G73 指令，其循环分割数（循环次数）由曲面上的最大背吃刀量 12.3734mm，加上适当安全距离，程序中取 Δi=12.5mm，按此参数及单面精加工余量 0.5mm，考虑到每一循环的背吃刀量取单面 1mm，则可推算出分割数 12。

5)注意到刀具指令中的刀具号不一定必须等于刀补号,同一个零件加工尽可能不要重复使用同一个刀补号。同时注意本例中的 T03 号刀是内孔车刀。

6)本程序用 06 号刀具补偿存储器中的 X 磨损补偿值控制曲面轮廓的径向尺寸,首件试切时仅需测量和保证 R8mm 凸圆弧处的外径尺寸 $\phi42_{-0.03}^{0}$,即可保证整个曲面轮廓的径向尺寸。05 号刀具补偿存储器中的 X 磨损补偿值用于控制内孔的径向尺寸。

7)精车轮廓的切入采用圆弧顺势引出 1mm 左右处切线切入方式,使切入点尽可能光顺。

8)该程序的刀具路径可参阅图 4-21b。

12. 刀具偏置调整和控制尺寸的原理及操作分析

刀具偏置值可以控制刀具的位置变化,刀具的实际位置等于程序中的坐标值与偏置值的代数和。

FANUC 0i TC 数控车削系统将刀具偏置值分为两部分管理,即刀具的外形(又称几何)偏置和磨损(又称磨耗)偏置两部分(图 4-22),并分别存储和管理,但是在调用时,却是同时调用,且总的偏置值是外形偏置和磨损偏置的代数和。

a)

b)

c)

图 4-22 刀具偏置界面及操作软键

a)外形偏置界面 b)磨损偏置界面 c)偏置值的操作软键

刀具的外形偏置用于非基准刀具与基准刀具安装位置误差的补偿，刀具磨损补偿其本意是控制刀具磨损造成的位置变化，故其一般是用于尺寸的微调。数控车削加工时正是利用这个磨损偏置对加工尺寸进行微调，实现加工尺寸的精确控制，其中，X 和 Z 磨损偏置分别用于控制工件的径向和轴向尺寸。

在利用刀具的外形磨损偏置控制工件尺寸时，是将程序表述的加工轨迹同时微调移动，因此，在编程之前必须对工件尺寸进行适当处理，保证尺寸微调时各尺寸均在各自的公差范围内变化。实际中，常常将有公差的尺寸处理成对称公差的中值基本尺寸进行编程。

有关刀具偏置界面的进入、偏置值的输入和修改等操作详见 3.10.1 节中的介绍。就尺寸调整与控制而言，仅需采用图 4-22c 中的 [+ 输入] 软键或 [输入] 软键即可。

4.2.5 刀具偏置补偿使用时的注意事项

刀具的偏置补偿应用灵活，合理地使用它，可更好地发挥数控机床的潜能。使用刀具偏置补偿时的注意事项如下：

1）偏置和补偿的实质是相同的，仅是叫法上的不同。如通过调用刀具偏置可将移动指令指定的刀具坐标偏移一定的距离而实际到达一个新的位置。又如，当刀具磨损后，通过调用刀具补偿将移动指令指定的刀具坐标偏移一定距离到达磨损之前的刀具位置，达到修正刀具磨损造成的加工误差的目的。

2）FANUC 0i 系统将偏置分为两部分管理——外形（又称几何）和磨损（又称磨耗），分别存储在同一个存储器编号下的不同位置。

3）系统调用偏置时是同时调用两者的，即刀具的偏置补偿是外形（几何）和磨损（磨耗）偏置的代数和。具体如下：

$$L_X = L_{XG} + L_{XW}$$
$$L_Z = L_{ZG} + L_{ZW}$$
$$R = R_G + R_W$$

式中，L 表示长度或移动的距离；R 表示刀尖圆弧半径；脚标 X 和 Z 表示轴地址；脚标 G 表示几何（外形）；脚标 W 表示磨损（磨耗）。

应当注意的是，数控车削的刀尖圆弧半径补偿不同于数控铣削，其还涉及一个理论刀尖方向号 T，这在数控系统的偏置操作界面上可以清楚地看到。

4）要规划好外形和磨损偏置的使用，一般外形偏置用于粗调刀具的位置，磨损补偿用于微（精）调刀具的位置。

5）外形偏置的启动与取消是通过刀具指令 T 调用进行的，刀尖圆弧半径补偿的实现是通过指令 G41/G42/G40 进行的。

6）刀具指令中的刀具号与刀补号可以相同，也可以不同。

7）刀具偏置补偿值一般在程序执行之前，通过数控系统的 LCD/MDI 操作面板手动输入。

8）一般情况下，不在刀具加工的程序段中改变刀具的偏置值，在取消刀具偏置的状态下改变刀具的偏置号。

9）刀尖圆弧半径补偿指令 G41/G42 称为刀尖半径左 / 右补偿，这里的左与右是基于补偿值为正值而言的，若补偿值为负值时，G41/G42 的效果正好相反。

10）由于刀具偏置或补偿使得刀具实际到达的位置不仅是程序段中指定的轴地址 X 和 Z 后的坐标值，因此一般将偏置的启动安排在刀具到达工件切削部位前的程序段，而取消刀具偏置则是安排在刀具离开工件切削部位之后的程序段。这一点在外形偏置上可以不考虑，因为刀具指令一般均是安排在程序的前面。刀尖圆弧半径补偿使用时还需考虑启动和取消程序段进入加工部分的方向。另外，启动与取消圆弧半径补偿必须在直线移动指令段（G00/G01）中实现。

11）刀具偏置补偿的应用主要集中于以下几种场合：
①利用刀具外形偏置建立工件坐标系。
②利用刀具外形偏置实现非基准刀具安装位置偏差的调整。
③对于零件轮廓存在圆弧或锥面，且有加工精度要求时，必须采用刀尖圆弧半径补偿功能修正由于刀尖圆弧存在而导致的欠切或过切误差。
④利用刀具磨损偏置补偿刀具磨损造成的加工误差。
⑤利用刀具磨损补偿微调和控制零件的加工精度。
⑥同一把刀具调用不同的刀补，可实现一把刀具进行粗、精车加工。

12）要想深刻理解和用好刀具偏置补偿，建议读者去详细研读一下刀具偏置补偿后刀具移动轨迹变化的规律，这对用好刀具偏置和补偿是很有帮助的。

4.2.6 多刀加工实训

本节介绍一个多刀加工的程序，体验标准刀对刀的操作。

实训二

实训名称：多刀加工工件坐标系的设定与对刀原理和方法

实训目的：了解数控车削加工中常见的多刀加工方法，理解和掌握刀具偏置对刀建立工件坐标系、G50 指令建立工件坐标系和 G54～G59 指令建立工件坐标系的原理和方法，理解哪种建立工件坐标系的方法需要确定基准刀与非基准刀，并理解刀具偏置对刀和基准刀对刀的操作方法。

实训条件：FANUC 0i TC 或 Mate-TC 数控系统的数控车床，工件所需的金属材料或尼龙棒料若干，机夹式数控车刀若干，需要 2～4 把刀具才能完成数控车削加工的中等复杂程度的零件图若干。个人读者可直接利用图 4-7 进行实训，简单的训练可用工件右端的 2 把刀的加工程序，要求高的训练可以采用工件左端 4 把刀的加工程序训练。

实训要求与步骤：
1）分析零件的结构与工艺，初步确定切削用量，确定基准刀。
2）根据图样要求，按刀具几何偏置设定工作坐标系的要求编写工件的加工程序。
3）将上一步编写好的加工程序修改为 G50 指令和 G54～G59 指令设定工件坐标系的加工程序。

4）将编写好的加工程序通过 MDI 操作面板手工输入数控系统（若程序太长，可考虑用 RS232 口通信或 CF 卡传输输入）。

5）根据程序的要求，用手工试切法对刀设定工件坐标系。

6）根据程序的要求，用手工试切法实现非基准刀对刀设定刀具偏置值。

7）自动运行加工程序，完成工件的加工过程。

8）改变非基准刀具的偏置值，并加工一个零件，通过尺寸的变化，理解刀具偏置对刀，非基准刀对刀的原理。

实训小结： 简述实训过程。叙述多刀数控车削加工工件坐标系的设定方法与特点，并根据实训过程、非基准刀偏置值的修改变化分析多刀车削加工对刀的原理与方法。

实训三

实训名称： 刀具偏置调整和控制工件加工精度的原理与方法

实训目的： 了解数控车削加工中刀具偏置的原理和对工件加工尺寸的影响，并掌握刀具偏置值的设定和输入方法。理解将刀具偏置补偿值分为外形和磨损两部分管理的特点。

实训条件： FANUC 0i TC 或 Mate-TC 数控系统的数控车床，工件所需的金属材料或尼龙棒料若干，机夹式数控车刀若干，有径向或（和）轴向尺寸精度要求的中等复杂程度的零件图若干。

需要 2～4 把刀具才能完成数控车削加工的个人读者可直接利用图 4-7 进行实训，简单的训练可用工件右端的 2 把刀的加工程序，要求高的训练可以采用工件左端 4 把刀的加工程序训练。

实训要求： 如图 4-23 所示，准备 $\phi 40$mm 的 45 钢棒料一根，长度 100mm 以上，手工输入以下加工程序，采用刀具偏置对刀建立工件坐标系，坐标系建立在坯料左端面。

图 4-23 刀具偏置示例零件

实训加工参考程序：

```
O4423;
N10 G00 X160. Z200. T0101;
N20 S500 M03;
N30 G00 X44. Z0;
N40 G01 X0.2 F0.15;
N50 G00 X46. Z2.;
N60 G90 X36. Z-10. F0.1;
N70 G00 X160. Z200. T0100;
N80 M30;
```

1. **实训步骤**

1）将实训程序输入数控系统中。

2)安装 φ40mm 棒料,材料伸出三爪 60mm 左右。

3)试切法对刀,基于刀具偏置建立图 4-23 所示的工件坐标系,将对刀偏置值存入偏置/外形存储器中。

4)执行实训程序加工图 4-23 所示的表面。

5)不拆下工件,测量加工面的直径和加工长度,并做记录。

6)进入刀具偏置/磨损界面,将 01 号磨损 Z 轴地址的补偿值设置为 -2。

7)再次执行实训程序加工。

8)不拆下工件,测量加工面的直径和加工长度,并做记录(这时可以看到长度增加 2mm,直径未发生变化)。

9)再次进入刀具偏置/磨损界面,将 01 号磨损 X 地址的补偿值设置为 -1。

10)再次执行实训程序加工。

11)不拆下工件,再次测量加工面的直径和加工长度,并做记录(这时可以看到长度仍为 12mm,但直径减小 1mm,变为 φ35mm)。

依照以上原理,可以进一步改变刀具偏置补偿,体会刀具偏置对加工尺寸的影响规律。

2. 刀具偏置补偿原理分析

1)分析零件结构与工艺,初步确定切削用量,确定基准刀。

2)按照图样要求,按刀具几何偏置设定工作坐标系的要求编写工件的加工程序。

3)将上一步编写好的加工程序修改为 G50 指令和 G54~G59 指令设定工件坐标系的加工程序。

4)将编写好的加工程序通过 MDI 操作面板手工输入数控系统。

5)根据程序的要求,用手工试切法对刀设定工件坐标系。

6)根据程序的要求,用手工试切法实现非基准刀对刀设定刀具偏置值。

7)自动方式运行加工程序,完成工件的加工过程。

8)测量图样上待保证的尺寸,记录下工件尺寸的偏差,计算出偏置值,并进入数控系统将偏置值输入。

9)重新加工一个零件,测量加工尺寸,特别注意通过刀具偏置调整后的尺寸变化,体会刀具偏置值对工件尺寸的调整与控制。

本实训根据个人的具体条件决定是否进行,如没有加工工件,可以以图 4-7 所示零件进行实训。若为其他零件,则可按例 4-2 的步骤进行分析,编写加工程序。若条件不具备,则可仅仅阅读例 4-2,特别注重阅读其加工程序,体会程序中是如何实现尺寸调整与控制的。

实训小结:简述实训过程。叙述 FANUC 0i TC 数控车削系统刀具偏置的管理原理与方法,并根据实训过程中刀具偏置对工件坐标系的影响,谈谈你对刀具偏置调整控制工件加工尺寸的原理与方法。

实训四

实训名称:刀尖圆弧半径补偿的原理与方法。

实训目的： 了解数控车削加工中刀尖圆弧半径补偿的原理、编程方法及其补偿值的设定。观察刀尖圆弧半径补偿前后工件轮廓线的变化，理解未进行刀尖圆弧半径补偿前出现的欠切与过切想象以及出现的部位。

实训条件： FANUC 0i TC 或 Mate-TC 数控系统的数控车床，工件所需的金属材料若干，机夹式数控车刀若干，需要进行刀尖圆弧半径补偿的中等复杂程度的零件图若干，零件加工部位轮廓样板一块（可用电火花线切割加工制作）。

实训要求与步骤：

1）分析零件结构与工艺，初步确定切削用量，确定基准刀。

2）按照图样要求，准备具有刀具半径补偿的加工程序和不具有刀具半径补偿的加工程序各一个（刀具几何偏置建立工件坐标系）。

3）将上一步编写好的加工程序修改为 G50 指令和 G54～G59 指令设定工件坐标系的加工程序。

4）将编写好的加工程序通过 MDI 操作面板手工输入数控系统。较长的加工程序可以利用通信或 CF 卡传入数控系统中。

5）根据程序的要求，用手工试切法对刀设定工件坐标系。

6）根据程序的要求，用手工试切法实现非基准刀对刀设定刀具偏置值。

7）分别运行加工程序，完成进行刀尖圆弧半径补偿和未进行刀尖圆弧半径补偿的工件加工。

8）用工件轮廓样板检查以上两个零件，观察刀尖圆弧半径补偿对工件加工精度的影响。

实训小结： 简述实训过程。叙述刀尖圆弧半径补偿的原理、编程方法和补偿值的设定方法，并根据实训过程阐述什么场合必须进行刀尖圆弧半径补偿，程序中如何实现刀尖圆弧半径补偿，加工时如何设置补偿参数（刀尖圆弧半径和理论刀尖方向号）。

注： 个人读者可直接利用图 4-11 所示零件右端球头部分的轮廓加工进行练习。

4.3 数控程序的手工输入与存储器运行

数控程序的手工输入与存储器运行是学习数控机床编程和操作的基础，任何学习数控编程和数控机床操作者都必须先掌握这些知识。程序的手工操作适用于程序段数量不多，程序大小（容量）不超过数控系统的存储器容量，存入数控系统的程序才能够进行存储器运行。

4.3.1 程序的手工输入与存储器运行基础

本节以一个简短的基本指令为主的数控程序介绍手工输入与存储器运行，使读者对数控加工的全过程有一个感性的基础认识。

实训五

实训名称： 数控程序的手工输入。

实训目的：了解和熟悉数控机床的 LCD/MDI 面板构成和数控程序的建立、输入和编辑方法。

实训条件：FANUC 0i TC 或 Mate-TC 数控系统的数控车床，例 4-1 中三程序中的任意一个。

实训要求与步骤：图 4-24 所示为以例 4-1 中的 G54～G59 指令设定工件坐标系的加工程序为例进行实训的操作图解。

1. 启动数控系统（操作步骤）
1）机床通电。
2）按机床启动键，等待系统启动，默认进入实际位置界面。
3）插入钥匙，旋转接通程序保护锁。
4）右旋释放紧急停止按钮。

2. 创建数控程序
1）按编辑键，指示灯亮，编辑方式有效。
2）按PROG键，进入程序界面。
3）按[列表+]软键，进入程序目录界面，配合翻页键查询当前存储器中的程序名称，新创建的程序名不能与存储器中的程序重名。
4）在输入缓冲区键入程序名，按INSERT键创建数控程序。

3. 输入数控程序
1）按EOB键，按INSERT键，光标换行，并自动插入程序段序号N10，即可开始数控程序的输入。
2）利用MDI面板上的地址/数字键和编辑键等进行数控程序的输入。
注：手工输入数控程序时可以不输入程序开始/结束符号"%"。

4. 数控程序的检查与编辑
1）数控程序输入完成后，可利用数控系统提供的程序检查功能进行检查。
2）数控程序的检查方法包括如下：
① 利用MDI面板上的光标移动键和翻页键逐行检查。
② 按机床操作面板上的"锁住"键运行机床，检查程序语法，并可利用图形功能观察刀具移动轨迹。
③ 按机床操作面板上的"空运行"键运行机床，检查刀具轨迹。
④ 首件试切检查程序，必要时可按"单段"键逐段试切。

图 4-24 手工输入程序操作图解

说明：多人实训时可每个人独自输入例 4-1 中三程序中的任意一个，个人训练时可根据自己的兴趣选择是否将例 4-1 中的三个加工程序全部输入。

实训小结：简述实训过程，叙述数控程序的创建与输入过程，举例说明程序段的输入、编辑和删除等方法和特点。

实训六

实训名称：数控程序的存储器运行。

实训目的：了解数控程序的存储器运行方式，掌握数控机床的基本加工过程。

实训条件：FANUC 0i TC 或 Mate-TC 数控系统的数控车床，待运行的程序已经输入数控系统，试切材料和刀具等。

实训要求与步骤（图 4-24）：

以实训五输入的加工程序为例，准备好 φ30mm 的尼龙棒料若干，准备切削刀具。若条件不具备可以简化试切，代替以机床锁住运行或空运行，并配合图形显示观察刀具运动轨迹。

若确认待运行的数控程序已经存在则可在自动方式下直接调用并运行，否则，可在编辑方式下查询程序后转为自动运行方式运行加工程序。

数控程序存储器运行的方式如图 4-25 所示。

图 4-25 数控程序存储器运行的方式

说明：有关数控程序存储器运行的具体方法可参阅 3.4.1 章节的相关内容。

实训小结：简述实训过程。叙述数控程序存储器运行的方法和步骤，并举例说明自动方式和编辑方式下调用数控程序并自动运行的操作步骤。

4.3.2 固定循环指令的程序示例

固定循环指令包括简单和复合固定循环指令，简单固定循环指令有 G90、G94 和 G92 指令，它们在前面的几个例子中均有多次介绍，这里仅讨论复合固定循环指令。

1. G71+G70 指令应用示例

例 4-6：以例 4-1 所示的图 4-1 为例，要求用 G71+G70 指令进行粗、精车加工，并增加切断工序，材料为 45 钢，零件长度为 26mm。

（1）零件结构及工艺分析　该零件轮廓包括圆柱、圆锥和圆弧及球面，形状不甚复杂，若要较好地保证圆弧和锥面的加工精度，一般宜采用刀尖圆弧半径补偿。本例假设圆弧和锥面有精度要求。该零件采用自定心卡盘装夹，采用三把刀具进行加工。图 4-26 所示为零件图及工艺图合并图。

图 4-26　例 4-6 零件图及工艺图合并图

（2）加工刀具及切削用量的选择　本零件加工包括切端面、粗车、精车和切断工序，故选用了三把刀具，选用机夹式刀具。各刀具及切削用量如下：

1）刀具：

外圆粗车刀：T0101，刀尖半径 0.4mm（并用于车端面）。

外圆精车刀：T0202，刀尖半径 0.4mm。

切断刀：T0303，刀宽 B=3mm。

2）切削用量：

粗车端面：f=0.2mm/r，n=500r/min。

粗车外圆：a_p=1mm，f=0.2mm/r，n=500r/min。

精车外圆：a_p=0.3mm，f=0.1mm/r，n=900r/min。

切断：f=0.05mm/r，n=300r/min，刀宽 B=3mm。

（3）工件坐标系及相关位置点的选择　工件坐标系设定在毛坯端面，端面留 1mm 的加工余量，设置一个换刀点 A（160，200），如图 4-26 所示。

（4）加工工艺路线　粗车端面→粗车外圆→精车外圆→切断。加工路线的规划及加工轨迹如图 4-27 所示，可以看出程序切入处增加了一段 1/4 圆弧。

图 4-27 加工路线的规划及加工轨迹
a) 加工路线规划 b) 加工轨迹

（5）参考程序 如下。

%	程序开始符
O4427;	程序名
N10 T0101;	调用 1 号刀及 1 号刀补
N20 G97 S500 M03;	恒转速控制，主轴正转，转速为 500r/min
N30 G00 G54 X160. Z200. M08;	G54 设定工件坐标系，刀具快速移动至换刀点 A，开切削液
N40 X32. Z0.3;	刀具快速移动至车端面起始点
N50 G99 G01 X0 F0.2;	定义转进给，车端面，进给速度为 0.2mm/r
N60 G00 X32. Z1.5;	快速退刀至 G71 循环起始点
N70 G71 U1.0 R0.5;	定义循环参数，背吃刀量为 1mm，退刀量为 0.5mm
N80 G71 P90 Q170 U0.6 W0.3;	循环程序 N90～N170，X 和 Z 轴单面加工余量为 0.3mm
N90 G42 G00 X–3. F0.1 S900;	起动刀尖右补偿，ns 段，精车 f=0.1mm/r，转速为 900r/min
N100 G02 X0. Z0. R1.5;	圆弧切入段 $a \to b$
N110 G03 X10. Z–5. R5.;	车削圆弧段 $b \to c$
N120 G01 Z–10.;	车削圆柱段 $c \to d$
N130 G02 X20. Z–15. R5.;	车削圆弧段 $d \to e$
N140 G01 X24.;	车削端面段 $e \to f$
N150 X26. Z–20.;	车削锥面段 $f \to g$
N160 Z–27.;	车削圆柱段 $g \to h$
N170 X32.;	车削端面段 $h \to i$
N180 G00 X160. Z200. T0100;	快速退回换刀点，取消 01 号刀补
N190 T0202;	调用 02 号刀及 02 号刀补
N200 G00 X32. Z1.5;	快速定位至 G70 精车循环起始点
N210 G70 P90 Q170;	精车外圆轮廓
N220 G40 G00 X160. Z200. T0200 M05;	退回换刀点，取消右补偿，取消 02 号刀补，主轴停转
N230 M00;	程序暂停，主轴手动换挡
N240 S300 M03;	降低主轴转速至 300r/min，起动主轴正转
N250 T0303;	调用 03 号刀及 03 号刀补
N260 G00 X32. Z–29.;	快速定位至切断起始点
N265 G01 X0.2;	切断
N267 G00 X160. M09;	X 轴快速退刀
N268 Z200. T0300;	Z 轴快速退刀至换刀点
N270 M30;	程序结束
%	程序结束符

程序分析与说明：

1）程序粗、精车采用了固定循环指令，简化了程序编制。

2）程序中使用刀尖圆弧半径右补偿，可较好地保证锥面和圆弧部分的加工精度。

3）程序采用 G54 指令建立工件坐标系，必须注意基准刀与非基准刀对刀。

2. G73+G70 指令应用示例

G73 复合固定循环指令原是为铸、锻件类零件轮廓毛坯的工件而设计的一个数控加工指令，但注意到该指令不同于 G71 和 G72 指令对轮廓有单调递增或递减变化的要求，基于这个特点，G73 指令常被用于轮廓非单调变化工件的加工。

例 4-7：工件尺寸如图 4-28 所示，要求以用复合固定循环指令为主进行加工，材料为 45 钢，毛坯尺寸为 $\phi 60mm \times 200mm$。

（1）加工零件及加工要求　加工零件如图 4-28 所示，外轮廓表面粗糙度值为 $Ra3.2\mu m$，其余为 $Ra6.3\mu m$。

图 4-28　例 4-7 加工零件图

（2）零件结构及工艺分析　该零件结构上包括圆柱、圆锥、圆弧曲面、螺纹等，比较适合用数控车削加工。但由于轮廓曲线非单调变化，故宜选 G73 固定循环指令编程。

从图上看，几个有公差要求的尺寸，均是上偏差为 0，下偏差在 $-0.033 \sim -0.025mm$，为此，不将尺寸换算为中值尺寸，而依靠刀具补偿进行控制。

（3）装夹方案　该零件直径不大，毛坯为圆棒料，工件长度相对较长，因此，采用一夹一顶装夹，即左端用自定心卡盘装夹，右端手工车端面钻中心孔，用尾顶尖辅助装夹。装夹方案详见图 4-29。

（4）加工刀具的选择　关于手工车端面、钻中心孔的刀具这里不讨论，仅讨论数控加工中使用的刀具。具体刀具如下：

外圆车刀：T0101，刀尖半径 0.8mm。

螺纹车刀：T0404，60°螺纹车刀。

（5）切削用量的选择　如下所示。

粗车外圆：$a_p=1.5mm$，$f=0.3mm/r$，$n=500r/min$。

精车外圆：a_p=0.3mm，f=0.1mm/r，n=900r/min。

车螺纹：n=300r/min。

（6）螺纹切削参数的确定　零件螺纹公差按 6g 处理，大径按 ϕ29.8mm 编程，小径为 ϕ28.376mm，用 G76 复合固定循环指令编程，第一刀背吃刀量取 0.25mm。切入长度取 3mm（2 倍的螺距），切出长度取 2mm。

（7）工件坐标系及相关位置点的选择　工件坐标系取在工件端面中，设置一个换刀点 A（160，200），详见图 4-29。

（8）加工工艺路线及走刀路径　加工工艺路线为：手工车端面，钻中心孔→G73+G70 粗、精车外圆轮廓→车螺纹。由于工件右端有顶尖，因此在刀具运动轨迹规划时注意进刀和退刀时 X 轴和 Z 轴动作分开。加工工艺路线及走刀路径详见图 4-29。

图 4-29　加工工艺路线及走刀路径

a）加工工艺路线　b）走刀路径

（9）数值计算　在图 4-29 中，相关节点的坐标值均是借助于 AutoCAD 作图获得，其尺寸值在图中均已标出。

（10）参考程序　如下所示。

%	程序开始符
O4429;	程序名
N10 T0101;	调用1号刀及1号刀补
N20 G97 S500 M03;	恒转速控制，主轴正转，转速为500r/min
N30 G00 G54 X160. Z200.;	G54设定工件坐标系，刀具快速移动至换刀点 A
N40 Z5.;	Z轴快速移动至循环起始点 S
N50 G42 X60. M08;	启动刀具右补偿，X轴快速移动至循环起始点 S，开切削液
N60 G73 U15.5 W0 R10;	定义循环参数，X轴退刀量为15.5mm，切削10刀
N70 G73 P80 Q200 U0.6 W0 F0.3;	循环程序段N80～N200，单面余量为0.3mm，进给量为0.3mm/r
N80 G00 X21.8 Z2.0 F0.1 S900;	循环程序起始段ns，精车参数 $f=0.1$mm/r, $n=900$r/min
N90 G01 X29.8 Z−2.;	车倒角
N100 Z−18.;	车螺纹大径
N110 X26. Z−20.;	车螺纹尾部倒角
N120 Z−25.;	车退刀槽，$\phi 26$mm
N130 X36. Z−35.;	车锥度
N140 Z−45.;	车圆柱，$\phi 36$mm
N150 G02 X40.843 Z−69.579 R25.;	车顺圆弧，$R25$mm
N160 G03 X38.507 Z−99.947 R25.;	车逆圆弧，$R25$mm（$\phi 50$mm）
N170 G02 X32.633 Z−113.397 R15.;	车顺圆弧，$R15$mm
N180 G01 X56. Z−157.;	车锥度，锥角30°
N190 Z−166.;	车圆柱，$\phi 56$mm
N200 X62.;	X轴车削退刀
N210 G70 P80 Q200;	精车轮廓循环
N220 G40 G00 X160. M09;	X轴快速退刀，取消刀具右补偿，关切削液
N230 Z200. T0100;	Z轴退刀至换刀点，取消01号刀补
N240 T0303 M05;	调用03号刀和03号刀补，主轴停转
N250 M00;	程序暂停，手工换挡
N260 S300 M03;	降低主轴转速至300r/min，主轴正转
N270 G00 Z3. M08;	Z轴快速定位至车螺纹起点
N280 G00 X32.;	X轴快速定位至车螺纹起点
N290 G76 P020060 Q100 R60;	定义车螺纹参数，精车2刀，最小切深0.1，精车余量0.06mm
N300 G76 X28.376 Z−22. R0 P974 Q300 F1.5;	定义终点坐标，牙深0.974mm，第一刀切深0.3mm，螺距1.5mm
N310 G00 X160. M09;	X轴快速退刀至换刀点，关切削液
N320 Z200. T0300;	Z轴快速退刀至换刀点
N330 M30;	程序结束
%	程序结束符

程序说明：

1）程序采用G54指令建立工件坐标系（也可用G54～G59指令中的任意一个）。程序执行之前确定一把基准刀，如T01号刀，则其他刀具为非基准刀，如本例的T03号刀具。

2）程序中采用刀尖圆弧半径补偿，可有效地保证圆弧部分的加工精度。

3）程序采用基于复合固定循环指令为主的编程方式，适合手工编程，且程序简短。

4)由于采用尾顶尖辅助装夹,为防止刀具碰撞,其进刀轨迹 Z 轴先进刀,然后 X 轴进刀至循环起始点,退出时则相反。

5)程序中设置一个换刀点,且固定循环设置起始点。

6)零件中各径向尺寸均为上偏差为 0,其中 $\phi36_{-0.025}^{0}$ mm 尺寸的公差最小,加工时通过 01 号刀具补偿调整控制该尺寸即可达到控制所有径向尺寸的目的。同理,M30 螺纹也是通过 03 号刀具补偿借助螺纹环规控制尺寸的。

7)该程序的刀具路径可参阅图 4-29b。

8)本程序未考虑零件切断及其后续处理。

3. G71～G73+G70 固定循环指令综合应用示例

例 4-8:以复合固定循环指令为主,编写图 4-30 所示零件的加工程序,材料为 45 钢,所有表面粗糙度值均为 Ra3.2～6.3μm,毛坯尺寸为 ϕ70mm×76mm。

(1)零件结构及工艺分析 图 4-30 所示零件包括外轮廓和内轮廓,表面质量要求不高,外轮廓存在中间凹陷。虽然零件轮廓形状不甚复杂,但仅用基本指令编程,程序段仍然较长,这里拟采用复合固定循环指令编程。从零件结构看,其左端可采用 G71+G70 指令粗、精车,右端外轮廓可采用 G73+G70 指令粗、精车,内轮廓采用 G72+G70 指令粗、精车。整个零件结构比较适合复合固定循环指令的学习与实训。

图 4-30 例 4-8 零件图

(2)加工工艺及装夹方案

1)考虑零件的结构及装夹方便性,制订的工艺方案:车左端面→粗、精车左端轮廓→调头手工车端面,手工钻预孔→车端面→粗、精车外轮廓→粗、精车内轮廓。

2)装夹方案:车左端时采用自定心卡盘装夹,车右端时采用左端外圆和端面定位,表面包裹铜皮夹紧。详见图 4-31 和图 4-32。

(3)加工刀具的选择 如下所示。

外圆粗车刀:T0101,刀尖半径 0.8mm(并用于车端面)。

外圆精车刀:T0202,刀尖半径 0.4mm,包括右端外凹轮廓的粗车。

内孔车刀:T0303,刀尖半径 0.4mm,用于内轮廓的粗、精车加工。

麻花钻头：ϕ12mm，用于内表面钻预孔。

（4）切削用量的选择　如下所示。

车端面：a_p 一刀完成，f=0.1mm/r，n=500r/min。

粗车：a_p=1～1.5mm，f=0.2～0.3mm/r，n=500r/min。

精车：a_p=0.3mm，f=0.1mm/r，n=900～1000r/min。

（5）工件坐标系及相关位置点的选择　工件坐标系设在工件端面，并留适当的加工余量，设置一个换刀点 A（200，200），详见图 4-31 和图 4-32。

左端几何参数及刀具路径图如图 4-31 所示。

图 4-31　左半部分的几何参数及刀具路径

a）刀具路径规划与几何参数　b）刀具路径

右端几何参数及刀具路径图如图 4-32 所示。

图 4-32　右半部分的几何参数及刀具路径

a）刀具路径规划与几何参数　b）刀具路径

（6）数值计算　在图 4-31 和图 4-32 中，相关节点的坐标值均是借助于 AutoCAD 作图获得，其尺寸值在图中均已标出。

（7）参考程序

1）左半部分参考程序如下。

%	程序开始符
O4431;	程序名
N10 T0101;	调用 1 号刀及 1 号刀补
N20 G97 S500 M03;	恒转速控制，主轴正转，转速为 500r/min
N30 G00 G54 X200. Z200.;	G54 设定工件坐标系，刀具快速移动至换刀点 A
N40 X72. Z0 M08;	快速定位至车端面起点，开切削液
N50 G99 G01 X0 F0.1;	车端面，进给速度为 0.1mm/r
N60 G00 X74. Z2.0;	快速定位至粗车外圆起点
N70 G71 U1.5 R0.5;	定义 G71 参数，背吃刀量为 1.5mm，退刀量为 0.5mm
N80 G71 P90 Q150 U0.6 W0.3 F0.2;	循环段 N90～N150，单面加工余量为 0.3mm，进给量为 0.2mm/r
N90 G00 X38. F0.1 S900;	循环起始程序段 ns，定义精车进给量和转速
N100 G01 X50. Z–4.;	车倒角 $a \rightarrow b$ 段
N110 Z–16.;	车圆柱 $b \rightarrow c$ 段
N120 X60.;	车端面 $c \rightarrow d$ 段
N130 G03 X68. Z–20. R4.;	车半圆弧 $d \rightarrow e$ 段
N140 G01 Z–21.;	车圆弧切线引出段 $e \rightarrow f$ 段
N150 X72.;	X 轴切削退刀，循环结束段 nf
N190 G70 P90 Q150;	精车外轮廓 N90～N150 段
N200 G00 X200. Z200. T0100 M09;	快速退刀至换刀点，取消刀具补偿，关切削液
N280 M30;	程序结束
%	程序结束符

说明： 该程序比较简单，读者可按照前述程序的结构分析程序。

2）右半部分参考程序如下。

%	程序开始符
O4432;	程序名
N10 T0101;	调用 1 号刀及 1 号刀补
N20 G97 S500 M03;	恒转速控制，主轴正转，转速为 500r/min
N30 G00 G54 X200. Z200.;	G54 设定工件坐标系，刀具快速移动至换刀点 A
N40 X72. Z0 M08;	快速定位至车端面起点，开切削液
N50 G99 G01 X0 F0.1;	车端面，进给速度为 0.1mm/r
N60 G00 Z2. M09;	Z 轴退刀 2mm，关切削液
N70 G00 X200. Z200. T0100;	快速退刀至换刀点，取消 01 号刀具补偿
N80 T0202;	调用 2 号刀及 2 号刀补
N90 G00 X72. Z2. M08;	快速定位至外轮廓循环起始点，开切削液
N100 G73 U12. W0.2 R12;	定义 G73 参数，X 轴退刀 12mm，Z 轴退刀 0.2mm，车 12 刀
N110 G73 P120 Q200 U0.6 W0.2 F0.2;	循环段 N120～N200，定义精车余量，粗车进给量为 0.2mm/r
N120 G00 X60. Z1. F0.1 S900;	循环起始程序段 ns，定义精车进给量和转速
N130 G01 Z–11.;	车圆柱，ϕ60mm
N140 X46. Z–33.;	车锥面
N150 Z–45.;	车槽底圆柱，ϕ46mm

N160 G02 X52. Z–48. R3.;	车圆角 R3mm
N170 G01 X60.;	车端面
N180 G03 X68. Z–52. R4.;	车半圆弧 R4mm
N190 G01 Z–53.;	车圆弧切线引出段
N200 X72.;	X 轴切削退刀，循环结束段 nf
N210 G70 P120 Q200;	精车外轮廓 N120～N200 段
N220 G00 X200. M09;	X 轴快速退刀至换刀点，关切削液
N230 Z200. T0200;	Z 轴快速退刀至换刀点，取消 02 号刀具补偿
N240 T0303;	调用 03 号刀及 03 号刀补
N250 S500 M03;	降低主轴转速至 500r/min
N260 G00 X0Z1. M08;	快速定位至内表面循环起始点，开切削液
N270 G72 W1. R0.5;	定义 G72 指令参数，背吃刀量为 1mm，退刀量为 0.5mm
N280 G72 P290 Q340 U–0.5 W0.2 F0.2;	循环段 N290～N340，定义精车余量，粗车进给速度为 0.2mm/r
N290 G01 Z–42. F0.1 S1000;	循环起始程序段 ns，定义精车进给量和转速
N300 X22.;	车底面
N310 X30. Z–38.;	车 45°锥面
N320 Z–22.;	车内圆柱面，ϕ30mm
N330 X36.;	车端面
N340 X50.636 Z1.;	车锥面并延伸出约 1mm，循环结束段 nf
N350 G70 P290 Q340;	精车外轮廓 N290～N340 段
N360 G00 Z200. M09;	Z 轴快速退刀至换刀点，关切削液
N370 X200. T0300;	X 轴快速退刀至换刀点，取消 03 号刀具补偿
N380 M30;	程序结束
%	程序结束符

说明： 该程序用到三个复合固定循环指令及其精车指令，读者可按照前述程序的形式分析程序，写出其参数设置值，重点注意 G72 指令精车内孔时留精车余量的方向符号。

4. G76 螺纹切削固定循环指令及与 G32 和 G92 指令的比较

例 4-9：以图 4-16 右端的 M30mm×1.5mm 外螺纹为例，用 G76、G92 和 G32 分别编写其螺纹部分的加工程序，并进行比较。

（1）加工部位及其装夹方案　如图 4-33 所示。

图 4-33　加工部位及其装夹方案

（2）G76 指令螺纹加工程序　如下所示。

%	程序开始符
O4133;	程序名
N10 T0101;	调用1号刀及1号刀补
N20 G97 S300 M03;	恒转速控制,主轴正转,转速为300r/min
N30 G00 G54 X160. Z200.;	G54设定工件坐标系,刀具快速移动至换刀点
N40 X34. Z3. M08;	快速定位至车螺纹起点,开切削液
N50 G76 P021360 Q100 R60;	定义G76螺纹加工的参数,详见下面的说明
N60 G76 X28.376 Z–20. R0 P812 Q300 F1.5;	
N70 G00 X160. Z200 M09;	快速退刀至换刀点,关切削液
N10 T0100;	取消刀具补偿
N80 M30;	程序结束
%	程序结束符

说明:定义G76螺纹加工参数为:精车2刀,倒角2mm,60°刀尖角度,最小背吃刀量0.1mm,精加工余量0.06mm,螺纹小径28.376mm,牙高0.812mm,第一刀背吃刀量0.3mm,螺距1.5mm。按此参数,粗加工约5刀,精加工约2刀,共7刀。

(3) G92指令螺纹加工程序 查表1-5可知1.5mm螺距的螺纹需要车4刀,各刀的螺纹直径见表4-3。

%	程序开始符
O4233;	程序名
N10 T0101;	调用1号刀及1号刀补
N20 G97 S300 M03;	恒转速控制,主轴正转,转速为300r/min
N30 G00 G54 X160. Z200.;	G54设定工件坐标系,刀具快速移动至换刀点
N40 G00 X34. Z3. M08;	快速定位至车螺纹起点,开切削液
N50 G92 X29.21 Z–20. F1.5;	G92指令车螺纹第一刀
N60 X28.6;	G92指令车螺纹第二刀
N70 X28.2;	G92指令车螺纹第三刀
N80 X28.04;	G92指令车螺纹第四刀
N90 G00 X160. Z200. M09;	快速退刀至换刀点,关切削液
N100 T0100;	取消刀具补偿
N110 M30;	程序结束
%	程序结束符

说明:G92指令车螺纹时,退刀螺纹倒角必须通过参数5130设定,程序中无法设置。

(4) G32指令螺纹加工程序 如下所示。

%	程序开始符
O4333;	程序名
N10 T0101;	调用1号刀及1号刀补
N20 G97 S300 M03;	恒转速控制,主轴正转,转速为300r/min
N30 G00 G54 X160. Z200.;	G54设定工件坐标系,刀具快速移动至换刀点
N40 G00 X34. Z3. M08;	快速定位至车螺纹起始点,开切削液
N50 X29.2;	第一刀进刀0.8mm
N60 G32 Z–18. F1.5;	G32指令切螺纹
N70 G32 X30. Z–20. F1.5;	G32指令切螺纹退刀段

N80 G00 X34.;	X轴退刀至起始点
N90 Z3.;	Z轴退刀至起始点
N100 X28.6;	第二刀进刀0.6mm
N110 G32 Z–18. F1.5;	G32指令切螺纹
N120 G32 X30. Z–20. F1.5;	G32指令切螺纹退刀段
N130 G00 X34.;	X轴退刀至起始点
N140 Z3.;	Z轴退刀至起始点
N150 X28.2;	第一刀进刀0.4mm
N160 G32 Z–18. F1.5;	G32指令切螺纹
N170 G32 X30. Z–20. F1.5;	G32指令切螺纹退刀段
N180 G00 X34.;	X轴退刀至起始点
N190 Z3.;	Z轴退刀至起始点
N200 X28.04;	第一刀进刀0.16mm
N210 G32 Z–18. F1.5;	G32指令切螺纹
N220 G32 X30. Z–20. F1.5;	G32指令切螺纹退刀段
N230 G00 X34.;	X轴退刀至起始点
N240 Z3.;	Z轴退刀至起始点
N250 G00 X160. Z200. M09;	快速退刀至换刀点，关切削液
N260 T0100;	取消刀具补偿
N270 M30;	程序结束
%	程序结束符

说明： G32指令车螺纹时，退刀螺纹倒角和螺纹部分必须分开单独写在不同的程序段中。

（5）螺纹车削指令应用分析

1）螺纹编程时涉及螺纹大径和小径的计算或查表，螺纹大径减去两倍的牙高即为螺纹的小径。国家标准规定的牙高为$5H/8$（H为牙高，约等于$0.866P$，P为螺距，下同），而按表1-5的经验公式计算的牙高为$0.6495P$，这两个牙高的差异主要表现在是否切去牙顶的$H/4$。另外，螺纹小径的计算不同，国家标准是按切去$H/4$牙顶的外圆为螺纹公称直径，而经验公式是按未切去$H/4$牙顶的外圆为螺纹公称直径。两者计算加工出来的螺纹表面上存在直径误差，实际上，数控车削加工时工件的直径是可以通过刀具补偿进行控制和调节的，所以，这种误差不会影响螺纹加工。

2）G76指令粗加工刀数是按设置的参数自动计算的，且指令中还能指定精加工刀数。一般情况下，G76指令的加工刀数略多，因此加工质量相对较高，特别是合理地选择精加工次数，可较好地提高螺纹加工质量。而G92和G32指令是通过程序指定的，其加工次数相对较少。

3）G76指令粗加工时采用的是单侧刃切削，而G92和G32指令一般是双侧刃同时加工，相当于成形车削。

4）G76指令最复杂，但程序段最短，且可设置的参数较多。G32指令虽然简单，但程序段较多，写起来很烦琐。G92指令介于两者之间，每一刀一个程序段，但还是需要计算每一刀的背吃刀量。

5）由于国家标准规定的外螺纹大径公差带的上偏差一般大于或等于零，而螺纹大径圆柱的编程直径一般可取公差中值尺寸值,所以一般螺纹大径圆柱的编程直径略小于螺纹的公称直径。内螺纹刚好相反。

6)螺纹加工最终属于成形加工,牙型的控制主要还是靠螺纹车刀控制的,各人的编程方法按国标查表得到的螺纹直径参数和按经验公式计算的直径参数虽然有一点差异,但最终结果仅是切削次数的多少,主要影响螺纹的表面质量和刀具的寿命,最终螺纹的径向尺寸还必须依靠刀具补偿控制和调整。

实训七

实训名称: 复合固定循环指令阅读、编程和程序试运行。

实训目的: 掌握 FANUC 0i TC 数控车削系统复合固定循环指令的结果特点和参数计算与设置。学习典型固定循环指令,参照相关资料编写 1～2 个复合固定循环指令的加工程序。掌握数控车床程序检查的方法——锁住运行、空运行、单段运行、图形显示以及快速与进给速度的倍率调整。

实训步骤:

1)阅读典型复合固定循环指令编写的加工程序,写出其中用到的指令及其参数设置,描述固定循环指令的刀具轨迹。

2)用复合固定循环指令编写 1～2 个加工程序,图形自定。个人读者可将图 4-7 作为 G71+G70 的练习图,用图 4-34 作为练习参考图。

图 4-34 复合固定循环指令练习图

3)任选一个包含复合固定循环指令的数控程序,手工输入数控系统。

4)按机床 锁住 键,对数控程序进行锁住试运行,观察机床显示界面和机床各部分的动作。

5)设置工件坐标系,按机床 空运行 键,对数控程序进行空运行,观察机床显示界面和机床各部分的动作。

6）按机床 单段 + 锁住 键和 单段 + 空运行 键，分别进行单段锁住运行和单段空运行，观察显示界面和机床各部分动作，特别要注意固定循环指令单段执行时的动作情况。

7）不安装工件，对数控程序进行存储器运行，调节进给速度倍率旋钮和快速运动倍率键，观察刀架的运动速度变化。

8）在机床锁住运行状态下，按照3.13节的相关介绍，对刀具运动轨迹进行图形显示操作，观察程序执行期间和执行结束后的刀具运动轨迹。待图形显示操作熟练后，还可进行空运行、存储器运行和单段运行状态下的刀具轨迹的图形显示操作。

实训小结：

1）简述实训过程。叙述所阅读的复合固定循环指令程序中循环指令的特点、参数计算和设置，并描述循环指令的刀路轨迹。

2）编写1～2个复合固定循环指令的加工程序，并说明其中复合固定循环指令的设置参数。

3）叙述机床锁住运行时显示界面和机床各部分的动作特点。

4）叙述机床空运行时显示界面和机床各部分的动作特点。

5）叙述机床单运行时显示界面和机床各部分的动作特点。

6）叙述进给速度和快速运动速度倍率调整的方法及其对机床动作的影响。

4.4 数控车床的程序传输与DNC（计算机辅助编程及应用）

4.4.1 RS232通信参数的设定

RS232通信口程序传输是指PC与数控系统之间的程序传输，传输线是必需的。另外，在计算机侧还必须有一款传输软件，这里以CIMCO Edit软件为例进行介绍。

RS232通信参数的设置包括数控系统和PC两部分，只有通信参数设置匹配才能实现正确的通信。

1. 数控系统通信参数的设置（图4-35）

图4-35所示为数控系统通信参数设置图解，其操作步骤如下。

1）按 编辑 键。

2）按功能键 **SYSTEM**。

3）按两次继续菜单键▶，找到出现 [ALL IO] 软键的界面。

4）按 [ALL IO] 软键，出现读入/传出（参数）界面，在其中设置通信参数。

说明：

1）I/O通道必须设置为1，使得RS232通信口有效。

2）波特率是程序传输的速度，设置得太大虽然传输快，但容易出错。对于程序传输，一般设置为4800即可。在线加工可根据需要选择得大一点。

3）其余按图设置即可。

图 4-35　数控系统通信参数的设置图解

2. PC 侧通信参数（CIMCO Edit 软件）的设置步骤（图 4-36）

（1）FANUC 数控系统的通信参数设置　一般按如下设置。

1）数据传输格式：ISO 或 EIA 等，应用时可查阅数控机床厂家说明书的推荐格式。

2）端口：其设置应与 PC 的物理端口相对应，如 COM1。

3）奇偶位：FANUC 数控系统只支持偶（EVEN）或者无（NONE）。

4）数据位：FANUC 数控系统只支持 7 位。

5）停止位：FANUC 数控系统只支持 2 或者 1。

6）传输协议：选择软件或无。

7）波特率：选择 4800，其与数控系统侧必须相等（图 4-35）。

（2）PC CIMCO Edit 的设置步骤　如图 4-36 所示。

图 4-36　PC 侧通信参数设置

图 4-36　PC 侧通信参数设置（续）

1) 启动 CIMCO Edit 软件。

2) 进入"Transmission"选项卡，可见到"DNC 设置"按钮，将鼠标悬停片刻会弹出按钮提示"DNC 设置 D 配置或增加机床"。单击"DNC 设置"按钮，弹出"DNC 设置"对话框，默认有两个机床设置，临时使用时可选择其中一个，单击右下角的"设置"按钮，略作修改使用。若该两个默认的机床均删除，则会跳出一个对话框，提示"创建一个新的机床配置"。

3) 单击"DNC 设置"对话框下部的"增加机床"按钮，弹出"增加新机床"对话框，在"机床描述"文本框中输入"Fanuc 0i TC"，"机床模板配置"用默认的 Machine 1。

4) "增加新机床"对话框设置完成后，单击"确定"按钮，弹出"设置：Fanuc 0i TC"对话框。

5) 按图所示设置端口的参数，发送、接收等选项的参数设置采用默认值。设置完后按"确定"按钮，弹出"DNC 设置"对话框，可见新增加的 Fanuc 0i TC 机床传输参数设置。

6) 在"DNC 设置"对话框中，将"机床类型"设置为"ISO Turning"，单击"确认"按钮，完成设置。

设置好的新机床一直有效，下次启动 CIMCO Edit 软件后，只需在"Transmission"选项卡的机床下拉列表框中直接选取即可,参见图 4-36 中的说明。

4.4.2 RS232 通信口数控程序传输与试运行

以下以例 4-3 所示零件球头部分的程序(O4412)为例进行介绍。

1. 前提条件

1)9 孔 25 针 RS232C 传输线一根。

2)数控机床及 PC。

3)数控程序传输软件一款,具体不限,本书采用 CIMCO Edit 软件。

4)熟悉 RS232 通信参数的设定,CIMCO Edit 软件的设置参见图 4-36。

2. RS232 通信数控程序传输与试运行

操作步骤如下:

1)在数控系统和 PC 断电的状态下,用 RS232C 数据传输线将 PC 与数控系统的 RS232 通信口相连。将 9 孔插头插入 PC 后部的 9 针(COM1 口)插座上,将 25 针插头插入数控系统的 25 孔通信口上。为避免烧坏数控系统的 RS232 口电路板,PC 的电源取自数控系统的电源插座上,具体参见图 3-3。

2)数控系统上电开机,确保数控系统的通信参数设置如图 4-35 所示。

3)PC 通电开机,将待传输的数控程序 O4412 复制到 PC 的适当位置。

4)数控系统侧做好接收程序的准备,其操作图解如图 4-37 所示,操作步骤如下。

图 4-37 数控系统侧做好接收程序的准备

① 按 编辑 和 **PROG** 键,进入程序界面。

② 按 [列表 +] 软键,查询现有程序名。

③ 按 [(操作)] 软键。

④ 按继续菜单键 ▶,找到有 [读入] 软键的界面。

⑤键入新程序名（不允许与已存在的程序名重名），按［读入］软键，软键发生变化。

⑥按［执行］软键，界面右下角出现闪烁的"LSK"，表示数控机床侧已经做好了接收程序的准备。

5）PC侧发送数控程序，其操作图解如图4-38所示，操作步骤如下。

图4-38　PC侧发送数控程序的操作步骤

①启动CIMCO Edit软件，打开待传输程序O4412。CIMCO Edit软件传输程序的方法有两种，参见图4-38中左上角虚线框出的两按钮，左侧的"发送文件"按钮不需打开文件而直接发送本地机上的程序文件，而右侧的"发送"按钮则是发送当前开启激活的文件，如图4-38中的O4412。

②单击"发送文件"按钮，弹出"发送文件"对话框。选择待发送文件（例O4412），单击"打开"按钮，弹出"发送状态"对话框，并开始传输文件。

若单击"发送"按钮，则直接弹出"发送状态"对话框，并开始传输当前激活的程序文件。

③程序传输状态对话框中，显示多种传输信息。程序传输期间：区域①动态显示传输信号状态；区域②进程条向右滚动，显示传输进程；区域③程序段不断向上滚动，显示传输进程的程序段。程序结束后：区域①停止闪烁；区域②进程条行进至结束；区域③可见程序结束指令M30和程序结束符%；区域④显示程序传输的结构信息。

④程序传输结束后，弹出"完成"对话框，单击"确定"按钮，"发送状态"对话框退出，程序传输结束。

6）程序传输期间，数控系统接收画面（图4-37）右下角闪烁的"LSK"变为"输入"闪烁，如图4-39所示，闪烁结束后"输入"字样消失，表示程序接收完毕，可以看到界面上显示新传输进来的程序。

图4-39　数控系统程序传输和结束时的界面

7）程序传输结束后，界面上显示新传输进来的程序。

8）按 锁住 键，按 自动 键，按 循环启动 键，锁住试运行加工程序。

9）在 锁住 和 自动 键按下有效的状态下，按功能键 **CSTM/GR**，进入图形参数显示界面，按［图形］软键，按［执行］软键，图形仿真显示加工程序的运动轨迹。详见3.13.2的相关内容。

实训八

实训名称： RS232C通信数控程序传输与加工。

实训目的： 了解RS232C通信传输程序的概念，掌握RS232通信参数的设定方法，掌握RS232通信口数控程序传输的操作方法。

实训步骤：

1）了解RS232C通信传输线接口及其接线图。

2）在断电状态下用RS232C通信传输线将数控系统与PC相连。PC电源使用数控系统提供的电源。

3）启动PC和数控系统（机床）。

4）将待传输的数控程序复制到PC上的适当位置。

5）对数控系统及其PC传输程序进行通信参数的设置。

6）进行数控程序的传输操作，观察和记录传输过程及其PC侧和数控系统侧传输提示的显示变化。

7）借助数控车床程序检查的方法——锁住运行、空运行、单段运行、图形显示等检查传输程序的正确性。

8）数控程序的加工实训（条件不具备时可省略该步骤）。

实训小结：

1）简述实训过程，叙述RS232C通信传输线的接线图，叙述RS232C通信传输线的PC与数控系统的连接方式及PC电源为什么需要使用数控系统提供的电源，还有什么其他方法？

2）详述数控程序传输的操作步骤。

3）简述所传输程序的试运行的情况和数控程序的加工实训。

4.4.3　存储卡通信参数的设定及其程序的传输和试运行

存储卡又称CF卡，是一种类似于U盘的存储介质。

1. 前提条件

1）数控系统有存储卡插槽。

2）CF 卡及其 PCMCIA 转接卡，用于与数控系统进行程序数据的传输。

3）CF 卡读卡器，通过 PC 的 U 盘接口与 PC 进行程序数据的传输。

2. 存储卡通信参数的设置

1）I/O 通道设置为 4，确保数控系统与 CF 卡接口进行数据传输。

2）参数 0138 第 7 位（MDN）设置为 1，确保系统允许通过 CF 卡进行 DNC 操作。有关参数的设置详见 3.4.4 节的相关内容。若仅进行程序输入，只需设置 I/O 通道为 4 即可。

3. 存储卡程序的传输操作步骤和试运行

1）将 CF 卡插入读卡器中，将读卡器插入 PC 的 U 盘插口，将待传输的程序复制到读卡器中，如 O4412 程序。

2）机床断电状态下，将 CF 卡插入 PCMCIA 转接卡，然后插入数控系统的 CF 插槽中。

3）机床通电，启动数控系统，确保存储卡通信参数设置的正确。

4）MDI 键盘操作，将存储卡上的程序传入数控系统中，其操作图解如图 4-40 所示，操作步骤如下。

图 4-40 存储卡程序传输的操作步骤

① 按 编辑 和 PROG 键，进入程序画面。

② 按继续菜单键 ▶，找到具有 [卡] 软键的画面。

③ 按 [卡] 软键，进入目录（存储卡）界面，找到待传输的文件，并记住程序编号。

④ 按 [（操作）] 软键。

⑤ 按 [F 读取] 软键，进入传输文件号与程序名设定画面。

⑥ 在输入缓冲区键入目录界面的文件编号，按 [F 设定] 软键，完成读取文件的设定。

⑦ 在输入缓冲区键入新程序的程序名，不能与 CNC 系统中已有的文件名重名。按 [O 设定] 软键，完成存储程序名的设定。

⑧按［执行］软键，开始程序传输输入。传输时，画面右下角出现短暂的闪烁的"LSK"表示传输准备好，很快转为闪烁的"输入"字样，表示正在传输，传输结束后，"输入"字样消失。

⑨按 PROG 功能键进入程序画面，可以看到刚传输输入的程序 O4412 为当前程序。

⑩按［列表］软键，进入程序目录画面，可检索到新传入的程序。

5）按 锁住 键，按 自动 键，按 循环启动 键，锁住试运行加工程序。

6）在 锁住 和 自动 键按下有效的状态下，按功能键 CSTM/GR，进入图形参数显示画面，按下［图形］软键，按下［执行］软键，图形仿真显示加工程序的运动轨迹。详见 3.13.2 节的相关内容。

实训九

实训名称：CF 卡的程序传输与加工

实训目的：了解 CF 卡通信传输程序的概念，掌握 CF 卡程序传输通信参数的设定方法和数控程序传输的操作方法。

实训步骤：

1）了解存储卡的构成及其数控系统的存储卡插槽的结构。

2）用读卡器将待传输的数控程序复制到 CF 卡上。

3）断电状态下将存储卡插入数控系统的插槽中。

4）启动数控系统（机床）。

5）对数控系统的通信参数（I/O 通道和参数 0138）进行设置。

6）进行数控程序的读入（传输）操作，观察和记录数控系统传输过程的提示的显示变化。

7）借助数控车床程序检查的方法——锁住运行、空运行、单段运行、图形显示等检查传输程序的正确性。

8）数控程序的加工实训（条件不具备时可省略该步骤）。

实训小结：

1）简述实训过程。叙述读卡器、存储卡的结构以及数控系统存储卡插槽的结构及部位。

2）简述数控程序从 PC 传输至数控系统的程序数据传输过程。

3）详述存储卡传输数控程序的操作步骤。

4）简述所传输程序的试运行情况和数控程序的加工实训。

4.4.4 CF 卡的 DNC 加工示例

以下以例 4-10 所示零件左端的数控加工程序（O4445）为例进行介绍。

1. 前提条件

同 CF 卡程序的传输要求。

2. CF 卡通信参数的设置

I/O 通道设置为 4，必须设置参数 0138 第 7 位（MDN）为 1，确保系统 CF 卡进行 DNC

操作有效。

3. CF 卡 DNC 操作步骤和程序试运行

1）先将 CF 卡插入读卡器中，然后将读卡器插入 PC 的 U 盘插槽，接着将待传输的程序复制到读卡器中。

2）在机床断电的状态下，将 CF 卡插入 PCMCIA 转接卡，然后插入数控系统的 CF 插槽中。

3）机床通电，启动数控系统，确保 CF 卡通信参数设置的正确。

4）CF 卡 DNC 操作图解如图 4-41 所示，操作步骤如下。

① 开机后进入 MDI 方式下的位置界面。按 DNC 键，指示灯亮，DNC 方式有效，界面左下角的 MDI 提示会转为 RMT 运行方式提示。

② 按 PROG 键，进入程序界面。

③ 按两次继续菜单键 ▶，出现 [DNC-CD] 软键界面。

④ 按 [DNC-CD] 软键，进入 DNC 操作（存储卡）界面，显示出 CF 卡上的程序列表，同时界面下部出现空白的"DNC 文件名："提示。

⑤ 在输入缓冲区键入待 DNC 运行的程序的编号，如 O4445 程序的编号 0004，这时界面下部软键发生变化，出现了 [DNC-ST] 软键。

⑥ 按 [DNC-ST] 软键完成程序输入，可以看到输入的程序显示在"DNC 文件名："提示处，同时该程序处于程序列表的最上部。

至此，若按循环启动键，系统便可开始执行 CF 卡上指定程序的 DNC 程序运行。

图 4-41　CF 卡 DNC 操作步骤

5）按 锁住 键，按 自动 键，按 循环启动 键，锁住 DNC 试运行 CF 卡上的加工程序。

6）在 锁住 和 自动 键按下有效的状态下，按功能键 CSTM/GR，进入图形参数显示画面，按 [图形] 软键，按 [执行] 软键，图形仿真显示加工程序的运动轨迹。详见 3.13.2 的相关内容。

4.5 计算机辅助编程与加工示例

4.5.1 计算机辅助编程与程序修改

例 4-10：基于 Mastercam 软件编制图 4-42 所示零件的加工程序。工件材料为 45 钢，毛坯尺寸为 $\phi 40\text{mm} \times 102\text{mm}$，外轮廓表面表面粗糙度值为 $Ra3.2\mu m$，其余为 $Ra6.3\mu m$（注：该零件可用复合固定循环指令手工编程，读者可尝试左端轮廓用 G71+G70 指令、右端用 G73+G70 指令，螺纹用 G76 指令，两个槽可用 4mm 宽的切槽刀 G75 指令编程加工）。

图 4-42 例 4-10 零件图

1. 工艺分析

图 4-42 所示零件外轮廓包含圆柱、圆锥、圆弧曲面和螺纹等几何特征，工件上几个主要尺寸的公差要求不算太高，若用普通车床加工，困难较大，但对于数控车削加工则不存在问题。

该零件中间大、两头小，因此拟采用两次加工，先加工左端，然后调头车右端。其加工工艺为：左端车端面→外轮廓粗加工→切槽→外轮廓精加工→调头→车螺纹部分圆柱→圆弧曲面轮廓粗车→车槽→圆弧曲面轮廓精车→车螺纹。

2. 装夹方案

装夹方案如图 4-43 所示。

图 4-43 工件装夹方案
a）左端加工 b）右端加工

3. 刀具选择

粗车刀：T0101，刀尖圆角半径 0.8mm（并用于车端面）。

精车刀：T0202，刀尖圆角半径 0.8mm。

切槽刀：T0303，刀具宽度 B=4mm。

螺纹车刀：T0404，60°螺纹车刀。

4. 切削用量的选择

粗车外圆：a_p=1.5～2mm，f=0.2～0.3mm/r，n=500r/min。

精车外圆：a_p=0.3～0.5mm，f=0.1mm/r，n=900～1000r/min。

切槽：f=0.1mm/r，n=500r/min，刀宽 B=4mm。

车螺纹：n=300r/min。

5. 工件坐标系及相关位置点的确定

工件坐标系选在外端面，如图 4-43 所示，端面留 1mm 的加工余量。另外，设置一个换刀点（X160，Z200），图中未示出。

6. 自动编程过程

1）几何模型的造型过程依各人习惯而定，可在 Mastercam 环境中绘制，也可用 AutoCAD 绘图，再导入 Mastercam 环境中。注意：几何模型的右端绘制在系统坐标系的原点。几何模型及毛坯边界如图 4-44 所示。

图 4-44 几何模型及毛坯边界

a）左端 b）右端

2）左端自动编程过程，见表 4-5。

表 4-5 左端自动编程过程

工 步	刀具路径	实体仿真验证	说 明
1			刀具：T0101 切削用量：n=500r/min，f=0.1mm/r 电脑补正，开切削液
2			刀具：T0101 切削用量：n=500r/min，f=0.3mm/r， a_p=0.3mm，精加工余量 =0.5mm 引入、引出线延长 2mm 控制器补正，开切削液

（续）

工步	刀具路径	实体仿真验证	说明
3			刀具：T0303 切削用量：$n=400$r/min, $f=0.1$mm/r 起始、终止轮廓线延长 1mm 电脑补正，开切削液
4			刀具：T0202 切削用量：$n=900$r/min, $f=0.1$mm/r 起始、终止轮廓线延长 1mm 控制器补正，开切削液

3）右端自动编程过程，见表 4-6。

表 4-6 右端自动编程过程

工步	刀具路径	实体仿真验证	说明
1			刀具：T0101 切削用量：$n=500$r/min, $f=0.1$mm/r 电脑补正，开切削液
2			刀具：T0101（粗、精车） 切削用量：$n=500$r/min, $f=0.3$mm/r, $a_p=0.3$mm，精加工余量 =0 引入、引出线延长 2mm 电脑补正，开切削液
3			刀具：T0202（粗车圆弧曲面） 切削用量：$n=400$r/min, $f=0.25$mm/r, $a_p=0.25$mm，精加工余量 =0.5mm 起始 1mm，终止线绘制 1mm 水平延长线，控制器补正，开切削液，进刀参数选第 2 种切凹轮廓
4			刀具：T0303 切削用量：$n=400$r/min, $f=0.1$mm/r 起始、终止轮廓线延长 1mm 电脑补正，开切削液
5			刀具：T0202（精车圆弧曲面） 切削用量：$n=1000$r/min, $f=0.1$mm/r，轮廓线同粗车，控制器补正，开切削液，进刀参数选择第 2 种切凹轮廓
6			刀具：T0404 切削用量：$n=300$r/min 引入长度 5mm，引出长度 2.5mm G92 指令切螺纹，开切削液

4）使用刀具的简图如图 4-45 所示。

图 4-45 刀具简图

a）T0101 b）T0202 c）T0303 d）T0404

7. 自动编程生成的程序

1）左端加工程序（修改后的程序）如下。

```
%
O4445
N10 G0 T0101
N20 G97 S500 M03
N30 G0 G54 X160. Z200. M8
N40 Z0.
N50 X44.
N60 G99 G1 X-1.6 F.1
N70 G0 Z2.
N80 G42
N90 Z4.214
N100 X38.813
N110 G1 Z2.214 F.3
N120 Z-44.698
N130 G18 G2 X41.661 Z-45.828 R9.5
N140 G1 G40 X44.489 Z-44.414
N150 G0 G42 Z4.214
N160 X35.965
N170 G1 Z2.214
N180 Z-42.956
N190 G2 X39.213 Z-44.885 R9.5
N200 G1 G40 X42.042 Z-43.471
N210 G0 G42 Z4.214
N220 X33.118
N230 G1 Z2.214
N240 Z-38.922
N250 G2 X36.365 Z-43.257 R9.5
N260 G1 G40 X39.194 Z-41.843
N270 G0 G42 Z4.214
N280 X30.27
N290 G1 Z2.214
N300 Z-31.802
N310 X32.976 Z-37.892
N320 G3 X33. Z-37.993 R.5
N330 G2 X33.518 Z-40.065 R9.5
N340 G1 G40 X36.346 Z-38.65
N350 G0 G42 Z4.214
N360 X27.422
N370 G1 Z2.214
N380 Z-28.5
N390 X28.
N400 G3 X28.976 Z-28.892 R.5
N410 G1 X30.67 Z-32.702
N420 G40 X33.498 Z-31.288
N430 G0 G42 Z4.214
N440 X24.574
N450 G1 Z2.214
N460 Z-1.08
N470 X25.707 Z-1.646
N480 G3 X26. Z-2. R.5
N490 G1 Z-16.
N500 Z-22.
N510 Z-28.5
N520 X27.822
N530 G40 X30.65 Z-27.086
N540 G0 G42 Z4.214
N550 X21.726
N560 G1 Z2.214
```

```
N570 Z.344
N580 X24.974 Z-1.28
N590 G40 X27.803 Z.134
N600 G0 G42 Z4.214
N610 X18.879
N620 G1 Z2.214
N630 Z1.768
N640 X22.126 Z.144
N650 G40 X24.955 Z1.558 M9
N660 G0 X160.
N670 Z200. M05
N680 T0100
N690 M00
N700 G0 T0303
N710 G97 S300 M03
N720 G0 G54 X160. Z200. M8
N730 Z-21.8
N740 X30.
N750 G1 X22.4 F.1
N760 G0 X30.
N770 Z-20.2
N780 G1 X22.4
N790 X22.72 Z-20.36
N800 G0 X30.
N810 X31.
N820 Z-20.
N830 G1 X27.
N840 X22.
N850 X22.4 Z-20.2
N860 G0 X31.
N870 Z-22.
N880 G1 X27.
N890 X22.
N900 Z-20.
N910 X22.4 Z-20.2
N920 G0 X31. M9
N930 X160.
N940 Z200.M05
N950 T0300
N960 M00
N970 G0 T0202
N980 G97 S900 M03
N990 G42 G0 G54 X160. Z200. M8
N1000 Z3.414
N1010 X18.172
N1020 G1 Z1.414 F.1
N1030 X25. Z-2.
N1040 Z-16.
N1050 Z-22.
N1060 Z-29.
N1070 X28.
N1080 X32. Z-38.
N1090 G2 X41.117 Z-46.248 R10.
N1100 G1 G40 X45.117 M9
N1110 G0 X160.
N1120 Z200.
N1130 T0200
N1140 M30
%
```

2）右端加工程序（略）。

4.5.2 计算机辅助编程与 CF 卡 DNC 加工实训

实训十

实训名称：CF 卡 DNC 设置与加工实训。

实训目的：了解计算机辅助编程的方法与过程，阅读和修改其自动生成的加工程序。了解 CF 卡进行 DNC 加工的原理与数控系统的设置，掌握利用 CF 卡进行 DNC 加工的操作方法，全面了解从工件图至实物的生产工艺过程。

实训步骤：

1）准备工件图一张，进行数控加工程序的自动编程，并确定其中某一部分的加工程序用于 DNC 实训。

2）生成并修改确认后的数控程序，通过读卡器写入 CF 卡中。

3）在断电状态下，将 CF 卡插入数控系统的 CF 卡插槽中。

4）将系统（机床）通电并启动。

5）设置 CF 卡 DNC 加工的相关参数。

6）按 4.4.4 节的相关内容用 DNC 方式试运行加工程序。

7）安装毛坯和刀具，然后实际加工（条件不具备时可省略该步骤）。

实训小结：

1）简述实训过程，叙述计算机辅助编程的过程。

2）简述 CF 卡 DNC 加工的原理。

3）简述 CF 卡 DNC 加工的操作步骤。

4）简述 DNC 加工的试运行情况和数控程序的加工过程。

参 考 文 献

[1] 全国工业自动化系统与集成标准化技术委员会. 工业自动化系统与集成机床数值控制坐标系和运动命名：GB/T 19660—2005[S]. 北京：中国标准出版社，2005.
[2] 中机生产力促进中心，等. 技术产品文件 机械加工定位、夹紧符号表示法：GB/T 24740—2009[S]. 北京：中国国家标准化管理委员会，2010.
[3] 陈为国，等. 数控加工编程技术 [M]. 3版. 北京：机械工业出版社，2023.
[4] 陈昊，陈为国. 图解 Mastercam2022 数控加工编程基础教程 [M]. 北京：机械工业出版社，2022.
[5] 陈昊，陈为国. 图解 Mastercam2022 数控加工编程进阶教程 [M]. 北京：机械工业出版社，2023.
[6] 陈为国. FANUC 0i 数控车削加工编程与操作 [M]. 沈阳：辽宁科学技术出版社，2010.
[7] 陈为国，陈昊. 数控车床操作图解 [M]. 北京：机械工业出版社，2012.
[8] 陈为国，陈昊. 数控车削刀具结构分析与应用 [M]. 北京：机械工业出版社，2022.
[9] 陈为国，陈昊. 数控加工刀具应用指南 [M]. 北京：机械工业出版社，2021.
[10] 陈为国，陈昊. 数控加工刀具材料、结构与选用速查手册 [M]. 北京：机械工业出版社，2016.
[11] 陈为国，陈为民. 数控铣床操作图解 [M]. 北京：机械工业出版社，2013.
[12] 陈为国，陈昊. 数控加工编程技巧与禁忌 [M]. 北京：机械工业出版社，2014.
[13] 陈日曜，等. 金属切削原理 [M]. 2版. 北京：机械工业出版社，1987.
[14] 孙德茂. 数控机床车削加工直接编程技术 [M]. 北京：机械工业出版社，2006.
[15] 关颖，等. FANUC 系统数控车床培训教程 [M]. 北京：化学工业出版社，2007.
[16] 于久清，等. 数控车床/加工中心编程方法、技巧与实例 [M]. 北京：机械工业出版社，2008.
[17] 刘蔡保. 数控车床编程与操作 [M]. 北京：化学工业出版社，2009.
[18] 袁锋，等. 数控车床培训教程 [M]. 北京：机械工业出版社，2008.
[19] 黎向容，等. 数控机床编程与操作：数控车床分册 [M]. 北京：电子工业出版社，2009.
[20] 邓建新，赵军. 数控刀具材料选用手册 [M]. 北京：机械工业出版社，2005.
[21] 刘海涛，杨刚，姜海林. FANUC 0i 数控系统与笔记本电脑之间的串行通讯 [J]. 现代制造工程，2008（7）：16-17.